21 世纪高等学校机械设计制造及其自动化专业系列教材

工程训练(实践篇)

主　编　吴志超

副主编　罗龙君　程　佩　李萍萍

U0278576

华中科技大学出版社

中国·武汉

内容简介

为适应制造业数字化、网络化和智能化的发展趋势和满足相应的人才培养要求，更好地通过实践教学培养学生的系统观、工程观和质量观，华中科技大学对工程实践创新中心的设备和实训环境进行了全面改造，基于智能制造的理念对原有的工程训练教学内容进行了全面更新。本书为工程训练课程基础实践教学环节的教材，内容分为引言、材料成形技术、基础机械加工技术、先进制造技术以及电工电子技术 5 个部分，系统介绍了 31 个基础实践工种项目的训练目的、内容、要求及相关工艺知识。本书配有数字化教学资源，可以扫描书中二维码浏览。

本书可作为普通高等学校机械及近机械类专业的工程训练、机械制造实习教材，也可供相关领域的工程技术人员参考。

图书在版编目(CIP)数据

工程训练.实践篇/吴志超主编.—武汉:华中科技大学出版社,2023.9
ISBN 978-7-5772-0015-6

Ⅰ.①工… Ⅱ.①吴… Ⅲ.①机械制造工艺-高等学校-教材 Ⅳ.①TH16

中国国家版本馆 CIP 数据核字(2023)第 170970 号

工程训练(实践篇)
Gongcheng Xunlian(Shijian Pian)   吴志超　主编

策划编辑：万亚军
责任编辑：程　青
封面设计：原色设计
责任监印：周治超
出版发行：华中科技大学出版社(中国·武汉)　　　电话：(027)81321913
　　　　　武汉市东湖新技术开发区华工科技园　　　邮编：430223
录　　排：华中科技大学惠友文印中心
印　　刷：武汉科源印刷设计有限公司
开　　本：787mm×1092mm　1/16
印　　张：15
字　　数：379 千字
版　　次：2023 年 9 月第 1 版第 1 次印刷
定　　价：39.80 元

21世纪高等学校
机械设计制造及其自动化专业系列教材

总 序 一

"中心藏之，何日忘之"，在新中国成立60周年之际，时隔"21世纪高等学校机械设计制造及其自动化专业系列教材"出版9年之后，再次为此系列教材写序时，《诗经》中的这两句诗又一次涌上心头，衷心感谢作者们的辛勤写作，感谢多年来读者对这套系列教材的支持与信任，感谢为这套系列教材出版与完善作过努力的所有朋友们。

追思世纪交替之际，华中科技大学出版社在众多院士和专家的支持与指导下，根据1998年教育部颁布的新的普通高等学校专业目录，紧密结合"机械类专业人才培养方案体系改革的研究与实践"和"工程制图与机械基础系列课程教学内容和课程体系改革研究与实践"两个重大教学改革成果，约请全国20多所院校数十位长期从事教学和教学改革工作的教师，经多年辛勤劳动编写了"21世纪高等学校机械设计制造及其自动化专业系列教材"。这套系列教材共出版了20多本，涵盖了"机械设计制造及其自动化"专业的所有主要专业基础课程和部分专业方向选修课程，是一套改革力度比较大的教材，集中反映了华中科技大学和国内众多兄弟院校在改革机械工程类人才培养模式和课程内容体系方面所取得的成果。

这套系列教材出版发行9年来，已被全国数百所院校采用，受到了教师和学生的广泛欢迎。目前，已有13本列入普通高等教育"十一五"国家级规划教材，多本获国家级、省部级奖励。其中的一些教材（如《机械工程控制基础》《机电传动控制》《机械制造技术基础》等）已成为同类教材的佼佼者。更难得的是，"21世纪高等学校机械设计制造及其自动化专业系列教材"也已成为一个著名的丛书品牌。9年前为这套教材作序的时候，我希望这套教材能加强各兄弟院校在教学改革方面的交流与合作，对机械工程类专业人才培养质量的提高起到积极的促进作用，现在看来，这一目标很好地达到了，让人倍感欣慰。

李白讲得十分正确："人非尧舜，谁能尽善？"我始终认为，金无足赤，人无完人，文无完文，书无完书。尽管这套系列教材取得了可喜的成绩，但毫无疑问，这套书中,某本书中,这样或那样的错误、不妥、疏漏与不足,必然会存在。何况形势总在不断地发展,更需要进一步来完善,与时俱进,奋发前进。较之9年前,机械工程学科有了很大的变化和发展,为了满足当前机械工程类专业人才培养的需要,华中科技大学出版社在教育部高等学校机械学科教学指导委员会的指导下,对这套系列教材进行了全面修订,并在原基础上进一步拓展,在全国范围内约请了一大批知名专家,力争组织最好的作者队伍,有计划地更新和丰富"21世纪机械设计制造及其自动化专业系列教材"。此次修订可谓非常必要,十分及时,修订工作也极为认真。

"得时后代超前代,识路前贤励后贤。"这套系列教材能取得今天的成绩,是几代机械工程教育工作者和出版工作者共同努力的结果。我深信,对于这次计划进行修订的教材,编写者一定能在继承已出版教材优点的基础上,结合高等教育的深入推进与本门课程的教学发展形势,广泛听取使用者的意见与建议,将教材凝练为精品;对于这次新拓展的教材,编写者也一定能吸收和发展原教材的优点,结合自身的特色,写成高质量的教材,以适应"提高教育质量"这一要求。是的,我一贯认为我们的事业是集体的,我们深信由前贤、后贤一起一定能将我们的事业推向新的高度!

尽管这套系列教材正开始全面的修订,但真理不会穷尽,认识不是终结,进步没有止境。"嘤其鸣矣,求其友声",我们衷心希望同行专家和读者继续不吝赐教,及时批评指正。

是为之序。

中国科学院院士

2009. 9. 9

21世纪高等学校
机械设计制造及其自动化专业系列教材

总 序 二

制造业是立国之本，兴国之器，强国之基。当今世界正处于以数字化、网络化、智能化为主要特征的第四次工业革命的起点，世界各大强国无不把发展制造业作为占据全球产业链和价值链高端位置的重要抓手，并先后提出了各自的制造业国家发展战略。我国要实现加快建设制造强国、发展先进制造业的战略目标，就迫切需要培养、造就一大批具有科学、工程和人文素养，具备机械设计制造基础知识，以及创新意识和国际视野，拥有研究开发能力、工程实践能力、团队协作能力，能在机械制造领域从事科学研究、技术研发和科技管理等工作的高级工程技术人才。我们只有培养出一大批能够引领产业发展、转型升级和创造新兴业态的创新人才，才能在国际竞争与合作中占据主动地位，提升核心竞争力。

自从人类社会进入信息时代以来，随着工程科学知识更新速度加快，高等工程教育面临着学校教授的课程内容远远落后于工程实际需求的窘境。目前工业互联网、大数据及人工智能等技术正与制造业加速融合，机械工程学科在与电子技术、控制技术及计算机技术深度融合的基础上还需要积极应对制造业正在向数字化、网络化、智能化方向发展的现实。为此，国内外高校纷纷推出了各项改革措施，实行以学生为中心的教学改革，突出多学科集成、跨学科学习、课程群教学、基于项目的主动学习的特点，以培养能够引领未来产业和社会发展的领导型工程人才。我国作为高等工程教育大国，积极应对新一轮科技革命与产业变革，在教育部推进下，基于"复旦共识""天大行动"和"北京指南"，各高校积极开展新工科建设，取得了一系列成果。

国家"十四五"规划纲要提出要建设高质量的教育体系。而高质量的教育体系，离不开高质量的课程和高质量的教材。2020年9月，教育部召开了在我国教育和教材发展史上具有重要意义的首届全国教材工作会议。近年来，包括华中科技大学在内的众多高校的机械工程专业结合自身的办学特色，引入先进的教育理念，在专业建设、人才培养模式、教学内容、教学方法、课程建设等方面积极开展教学改革，取得了较好的效果，建设了一大批优质课程。为了将这些优秀的教学改革经验和教学内容推广给全国高校，华中科技大学出版社联合华中科技大学在内的一批高校，在"21世纪高等学校机械设计制造及其自动化专业系列教材"的基础上，再次组织修订和编写了一批教材，以支持我国机械工程专业的人才培养。具体如下：

（1）根据机械工程学科基础课程的边界再设计，结合未来工程发展方向修订、整合一批经典教材，包括将画法几何及机械制图、机械原理、机械设计整合为机械设计理论与方法系列教材等。

（2）面向制造业的发展变革趋势，积极引入工业互联网及云计算与大数据、人工智能技术，并与机械工程专业相关课程融合，新编写智能制造、机器人学、数字孪生技术等教材，以开拓学生视野。

（3）以学生的计算分析能力和问题解决能力、跨学科知识运用能力、创新（创业）能力培养为导向，建设机械工程学科概论、机电创新决策与设计等相关课程教材，培养创新引领型工程技术人才。

同时，为了促进国际工程教育交流，我们也规划了部分英文版教材。这些教材不仅可以用于留学生教育，也可以满足国际化人才培养需求。

需要指出的是，随着以学生为中心的教学改革的深入，借助日益发展的信息技术，教学组织形式日益多样化；本套教材将通过互联网链接丰富多彩的教学资源，把各位专家的成果展现给各位读者，与各位同仁交流，促进机械工程专业教学改革的发展。

随着制造业的发展、技术的进步，社会对机械工程专业人才的培养还会提出更高的要求；信息技术与教育的结合，科研成果对教学的反哺，也会促进教学模式的变革。希望各位专家同仁提出宝贵意见，以使教材内容不断完善提高；也希望通过本套教材在高校的推广使用，促进我国机械工程教育教学质量的提升，为实现高等教育的内涵式发展贡献一份力量。

中国科学院院士

2021 年 8 月

前　言

中央人才工作会议强调,要培养大批卓越工程师,努力建设一支爱党报国、敬业奉献、具有突出技术创新能力、善于解决复杂工程问题的工程师队伍。培养卓越工程师,必须大力提高工程实践教学质量。工程实践创新中心是高校工程教育实践教学平台,工程训练是高校工科教学规模最大、学生受众最多的实践课程,对培养学生工程实践能力发挥着独特作用。

为了适应新时代对卓越工程师培养的需求,进一步提高我校学生的工程实践与创新能力,华中科技大学投入巨资,建成了以智能制造为特征的新一代工程实践创新中心。中心的硬件建设和课程改革主要基于以下理念:一是强调工程训练应体现时代特征,要用最领先的理念、最前沿的技术、最先进的应用来支撑人才培养;二是工程训练用的智能产线和智能装备要突出"三国六化一核心",着重使用国产智能装备、国产数控系统、国产工业软件;三是更新工程训练教学内容,着力培养学生的工程观、质量观和系统观;四是强调"真刀实枪""真材实料"地开展工程训练。

本书为华中科技大学工程训练课程基础实践教学环节的配套指导书,涵盖了材料成形技术、基础机械加工技术、先进制造技术和电工电子技术4个方面,共31个实践项目。考虑到本书面向对象为大学一、二年级学生,其缺乏系统的专业基础知识,因此每个项目都围绕训练目标、内容及要求,训练设备,训练要点及操作步骤,训练考核评价标准展开,结合配套的数字化教学资源,达到简洁易懂和全面系统的平衡。

本书可作为普通高等学校机械及近机械类专业的工程训练、机械制造实习教材,也可供相关领域的工程技术人员参考。

本书由吴志超任主编,罗龙君、程佩、李萍萍任副主编。参加教材编写的有:吴志超(引言、1.3、3.1)、霍肖(1.1)、王亚辉(1.2)、王俊敏(1.5)、赵江涛(1.4)、周琴(1.6、3.11)、汪琦(2.1、2.4)、罗龙君(2.2、3.3、3.6)、孙祥仲(2.3、3.4、3.5)、林晗(3.2、3.13)、李萍萍(3.7、3.8)、易奇昌(3.9)、熊大柱(3.10)、李华飞(3.12)、陈赜(4.1、4.2、4.3)、程佩(4.4、4.5、4.6、4.7、4.8)。本书由吴志超统稿,视频资源由相关一线授课老师负责制作。

在编写本书的过程中,我们参阅了有关院校、科研机构、企业的教材和资料,得到了工程实训中心学术委员会全体委员以及梁延德、童幸生、胡庆夕、王志海等同行专家的大力指导,他们对本书的撰写提出了许多宝贵的意见和建议;在出版过程中,华中科技大学出版社的领导和编辑也给予了我们极大支持与帮助,使本书得以顺利付梓。编者在此谨向所参考文献的单位和作者以及为我们提供帮助的人表示诚挚的谢意!

由于编者水平有限,书中错误和不当之处在所难免,恳请各方面专家及广大读者批评指正。

编　者
2022 年 11 月于武汉喻家山

目　　录

引　言

0.1　制造业的发展历程

制造是将原材料变换为所希望的有用产品的过程。它是人类所有经济活动的基石,是人类历史发展和文明进步的动力。

"制造"这一术语在应用上有广义和狭义之分。狭义的"制造"指加工,而广义的"制造",不仅指具体的工艺过程,而且包括市场分析、产品设计、计划控制、质量检验、销售服务和管理等产品整个生命周期的全过程。国际生产工程学会1990年给"制造"下的定义是:制造是一个涉及制造工业中产品设计、物料选择、生产计划、生产过程、质量保证、经营管理、市场销售和服务的一系列相关活动和工作的总称。在制造产品中,工艺和技术是指制造产品所需的方法和手段,是产品生产的基础。具体地讲,工艺是指制造产品所需的方法和步骤,包括原料准备、加工、装配、检验等环节。它直接影响着产品的质量和成本。而技术则是指运用科学知识和经验来解决实际问题的方法和手段,包括设计、研发、制造等环节。它可以提高生产效率,降低成本,提高产品质量。

制造技术是完成制造活动所需的一切手段的总和。如图0.1所示,随着人类科学技术的发展和对高度物质文明生活的不断追求,制造业的生产规模、资源配置和生产方式发生了显著的变化。

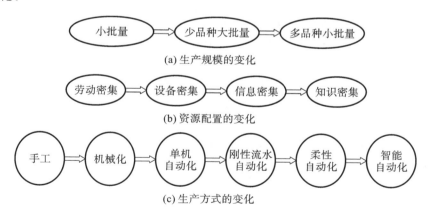

图 0.1　制造业的发展变化

纵观近200年制造业的发展历程,影响其发展的最主要的因素是技术的推动及市场的牵引。第一次工业革命以珍妮纺纱机为起点,瓦特蒸汽机为主要标志,完成了从人力到机械化的进程;第二次工业革命以辛辛那提屠宰场的第一条自动化生产线为标志,制造业从此进入大批量流水线模式的电气时代;第三次工业革命将信息化和自动化相结合,推出了第一个可编程逻辑控制器(programmable logic controller,PLC),赋予了生产线"可编程"的能力,使产品的加工精度和质量都得到了革命性的提升;当前,第四次工业革命的脚步越来越近,其核心是将互联网、大数据、云计算、物联网等新技术与工业生产相结合,推进智能制造。

0.2　典型机械零件加工工艺

大部分机械都是由零件组装而成的,零件是由毛坯经切削加工制成的,而毛坯是对材料进行成形加工得到的。机械制造过程如图 0.2 所示。

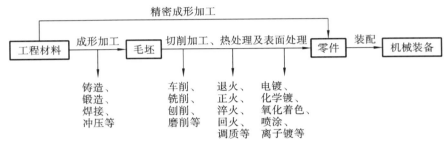

图 0.2　机械制造过程

1. 成形加工

成形加工是将工程原材料采用各种不同的方法加工成具有一定形状和尺寸的毛坯的过程。常见的毛坯成形工艺有铸造、锻造、冲压、焊接、高分子材料成形、粉末材料成形、3D 打印成形等。

铸造是将熔融的金属注入铸型型腔中,冷却、凝固之后,获得具有一定形状、尺才和性能的金属毛坯或零件的成形方法。用铸造方法获得的金属毛坯或零件称为铸件。铸造属于液态成形方法,常用于生产具有复杂外形及内腔的金属零件或毛坯,具有适用性强、成本较低等优点,是机械制造的基础工艺之一。

锻造是利用锻压设备,通过工具或模具对高温金属坯料施加外力使其发生塑性变形,获得具有一定形状、尺寸和内部组织工件的塑性成形方法。锻造在改变金属坯料外形的同时可改善其内部组织,提高其力学性能,是生产重要负载毛坯的主要方法。除铸铁等少数塑性较差的材料外,钢和大多数有色合金均可锻造成形,得到的毛坯零件称为锻件。锻造与冲压、轧制、挤压等都属于塑性成形加工,也称为压力加工。

冲压是通过模具对金属板料施加外力,使之产生塑性变形或分离,从而获得具有一定尺寸、形状和性能的工件的加工方法。冲压的坯料主要是热轧和冷轧的钢板或钢带。由于冲压加工通常是在室温下进行的,不需加热,故又称为冷冲压。板料厚度超过 8～10 mm 时,才用热冲压。与铸件、锻件相比,冲压件具有薄、匀、轻、强等特点,广泛用于汽车车身、家用电器、生活器皿等的生产。

焊接是通过加热或加压,或两者并用,使分离的材料形成原子间结合的永久性连接而成为焊件的成形方法。与铆接、铸造、锻造相比,焊接具有节省金属材料、减小结构质量等优点。通过铸-焊或锻-焊工艺可以制造大型工件或形状超级复杂的零件,该工艺广泛应用于船舶、桥梁、建筑等行业。

高分子材料成形工艺中应用最广泛的是塑料成形工艺。塑料成形是将各种形态(粉料、粒料、溶液和分散体)的塑料制成所需形状的制品或坯件的过程。塑料制品具有绝缘、质轻、耐腐蚀等优点。常用的塑料成形工艺主要有注塑成型、挤出成型、吹塑成型等。据统计,目前每年生产的塑料体积远远超过了金属。

粉末材料成形是制取粉末并通过成形和烧结等工艺将粉末的混合物制成制品的工艺技术。粉末材料成形是一种既能生产特殊性能材料，又能生产质优价廉的机械零件的少无切削成形工艺，其制品可直接作为零件，或经精整、浸油、热处理后使用。

增材制造是一种以数字模型文件为基础，采用粉末状金属或塑料等可黏合材料，通过逐层打印的方式来构造物体的技术，又称3D打印。增材制造是将计算机辅助设计（CAD）、计算机辅助制造（CAM）、数控技术（CNC）、激光技术、新材料技术等集成为一体的多学科交叉的先进制造技术。与传统的等材制造（铸、锻等）和减材制造（切削加工等）工艺相比，增材制造采用材料叠加的方法制造三维实体。增材制造不仅可以打印个性化需求的人骨架、牙齿、医疗康复器具等，也可以打印任意复杂形状和多材料结构的零件；不仅能满足个性化小批量的生产需求，也适用于大批量的定制化制造。

近年来，随着成形加工技术的发展，越来越多的零件可以采用精密铸造、精密锻造、精密冲压等精密成形方法由原材料直接加工而成，越来越多的新产品可以通过增材制造成形。

2. 切削加工

切削加工是用切削刀具将毛坯上多余的材料切除，以获得形状、尺寸精度和表面质量等都符合图样要求的零件的加工过程。它是目前机械制造的主要手段，占有重要的地位。切削加工分为钳工和机械加工。

（1）钳工　钳工一般是通过工人手持工具对工件进行切削加工的。钳工常用的加工方法有划线、錾削、锯削、锉削、刮削、研磨、钻孔、攻螺纹和套螺纹等。钳工的加工方式多种多样，使用的工具简单，方便灵活，是装配和修理工作中不可缺少的加工方法。

（2）机械加工　机械加工是通过操纵机床来完成对毛坯的切削加工的。常用的加工方法有车削、铣削、刨削、磨削等。

车削加工是切削加工中最基本、最常用的一种加工方法，是在车床上利用工件的旋转运动和刀具的直线或曲线运动来改变毛坯尺寸或形状，使之成为零件的加工过程。车削加工主要用来加工工件的回转表面，如内外圆柱面、圆锥面、环槽，以及成形回转表面、端面、常用螺纹，也可用来钻孔、滚花等。

铣削加工是在铣床上利用铣刀对零件进行加工的工艺过程。其中铣刀做高速旋转运动，为主运动；工件做直线运动，称为进给运动。铣削加工是一种应用广泛的加工方法，常用于加工各种平面、沟槽和成形曲面。

磨削是用磨具（砂轮、砂带等）以较高的线速度对工件表面进行加工的方法。磨削加工是零件精加工的主要方法之一，可提高零件的尺寸精度，降低表面粗糙度。

数控加工（numerical control machining），是指在数控机床上进行零件加工的一种工艺方法。数控机床加工与传统机床加工的工艺规程从总体上说是一致的，只是数控机床用数字信息控制零件和刀具位移来实现切削加工。数控加工是解决零件品种多变、批量小、形状复杂、精度高等问题以及实现高效化和自动化加工的有效途径，是现在主流的切削加工工艺。常见的数控机床有数控车床、数控铣削加工中心、数控磨床等。

3. 特种加工

随着科学技术的发展和市场需求的拉动，新产品、新材料不断涌现，结构形状复杂的精密零件与高性能难加工材料的零件随之被设计和制造出来，用传统的加工技术和方法加工上述零件难以获得预期的结果，有的甚至无法加工，必须采用特种加工技术。利用化学、物理（电、声、光、热、磁等）方法对工件材料进行去除、变形、改变性能或镀覆（添加材料）等的非传统加工方法统称为特种加工。常见的特种加工工艺有电火花成形加工、电火花线切割、激光加工、超声波加工、电解加工、电子束加工等。

电火花成形及线切割加工是利用工具电极与工件电极相互靠近时形成脉冲性火花放电产生的瞬时高温,使金属局部熔化甚至汽化,从而实现熔蚀去除的加工方法。电火花加工能够加工普通切削加工难以切削的材料和复杂形状的工件,而且不受材料硬度和热处理状况的影响。

激光加工是利用高功率密度的激光束照射到工件上,使材料熔化、汽化或物体性能改变而实现加工的工艺方法。常见的激光加工工艺有激光切割、激光焊接、激光打标、激光雕刻、激光打孔等。激光具有单色性好、方向性好、相干性好和亮度高等特征,因此激光加工具有其他加工方法所不具备的优点,如加工范围广,几乎可以加工所有的金属材料和非金属材料,光斑小,能量集中,热影响小;非接触加工,无受力变形等,广泛应用于 3C、航空航天、汽车制造等领域。

4. 热处理及表面处理

在毛坯切削加工前后及加工过程中,可通过不同的热处理方法来改变零件的性能,也可通过电镀、化学镀、离子镀、喷涂、氧化着色等表面处理方法改变零件的表面性能。

热处理就是将固态金属材料加热、保温和冷却,以改变其组织结构和性能的一种工艺方法。根据加热和冷却方法的不同,通常将热处理分为普通热处理和表面热处理。常用的普通热处理有正火、退火、淬火和回火。表面热处理有表面淬火和化学热处理等。

5. 装配

按规定的技术要求,将若干零件组装成部件或若干个零件和部件组装成机器的过程称为装配。装配是产品制造工艺过程中的后期工作,它包括清洗、连接、校正调整与配作、平衡、验收试验以及涂装、包装等内容。装配工作对产品质量影响很大,若装配不当,即使所有零件都合格,也不一定能够装配出合格的机械产品。

0.3　电工电子技术

1. 电子制造技术

电子技术是 19 世纪末 20 世纪初开始发展起来的新兴技术,近一百多年来,在市场需求的驱动下,电子制造业的资源配置沿着劳动密集→设备密集→信息密集→知识密集→智能密集的方向发展。与之相应,电子制造技术的生产方式沿着手工→机械→单机自动化→刚性流水自动化→柔性自动化→智能自动化方向发展。电子制造技术的每一次进步都推动了电子科学技术的进一步发展,也改变了作为电子产品消费者的人类的生活方式。

广义的电子制造技术包括基础电子制造技术和电子产品制造技术两个部分。基础电子制造技术包括微电子制造技术和印制电路板(printed circuit board,PCB)制造技术以及其他元器件制造技术。其中,微电子制造技术包括芯片制造技术和电子封装技术。电子产品制造技术包括印制电路板组装(printed circuit board assembly,PCBA)技术、其他零部件制造技术和整机组装技术。电子产品制造技术中关键的是 PCBA 技术及整机组装技术,这两个技术衔接紧密,并且一般在同一企业完成,通常又称为电子组装技术或电子装联技术。其他零部件,即印制电路板组件之外的以机械结构为主的零部件制造技术作为电子产品中的机械部分单独考虑。电子制造技术的组成如图 0.3 所示。

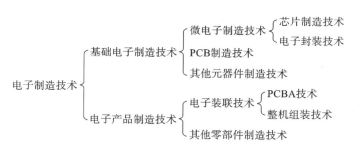

图 0.3　电子制造技术的组成

电子技术发展经历了五个时代：第一代是电子管时代，第二代是晶体管时代，第三代是集成电路时代，第四代是大规模集成电路时代，第五代是超大规模集成电路时代。与之相应的装配技术是电子管之间的导线安装技术，晶体管和集成电路基于 PCB 的通孔插装技术（through hole technology，THT），大规模集成电路基于 PCB 的表面贴装技术（surface mount technology，SMT）和超大规模集成电路的微组装技术（microelectronics packaging technology，MPT）。

2. 工业自动化控制技术

工业自动化控制技术是工业生产基础设施的关键组成部分，其通过在工业生产中大量应用计算机、自动化技术，实现对工业生产工艺、生产流程以及生产设备的自动化控制，以及生产资源的最大化、最优化调配，最大限度地发挥企业的生产能力。

工业自动化控制设备与系统主要分为工业自动化系统、硬件和软件三个部分。现今应用较多的工业自动化设备与系统主要有伺服系统、步进系统、变频器、传感器、人机界面、数据采集与监视控制系统、分散式控制系统、可编程逻辑控制器、现场总线控制系统等。关键技术有数据采集技术（系统和控制现场数据交互）、数据通信技术（设备之间的通信）、实时性技术（操作与控制响应时间的确定性）、数据传输技术（工业以太网、现场总线技术）和系统冗余技术（系统的高可靠性）。

经过多年的发展，现代工业自动化控制的结构和核心组件主要有以下几个。

1）可编程逻辑控制器

可编程逻辑控制器是专门为在工业环境下应用而设计的数字运算操作电子系统。它采用一种可编程的存储器，在其内部存储执行逻辑运算、顺序控制、定时、计数和算术运算等操作的指令，通过数字式或模拟式的输入输出控制各种类型的机械设备或生产过程。

2）数据采集与监视控制系统

数据采集与监视控制系统是一种软件应用程序，主要功能是收集系统状态信息、处理数据以及远距离通信，以实现对设备和条件的控制。

3）远程终端单元

远程终端单元（remote terminal unit，RTU）是针对通信距离较长和工业现场环境恶劣而设计的一种具有模块化结构的、特殊的计算机测控单元。

4）通信技术

工业控制系统通信方法根据系统构成的层次结构分成 3 种，即标准通信总线（外总线）、现场总线（fieldbus）和局域网。工业控制系统通过这三种类型的通信方法将主机与各种设备连接起来，将现场信息传输到控制级，再将控制级信息传输到监控级、管理级。

5）协议

工业控制系统的现场网络与控制网络之间的通信、现场网络各工控设备之间的通信、控制网络各组件之间的通信往往采用工业控制系统特有的通信协议。目前，工业控制系统涉及的协议有现场总线协议（CAN、DeviceNet、Profibus-DP、Profibus-PA 等）、工业以太网协议（EtherNet/IP、EtherCAT、HSE、Profinet、EPA、Modbus 等）、工业无线网协议（IEEE 802.11、ZigBee、RFieldbus 等）。

0.4　智　能　制　造

1. 制造业现状

当前，制造业不仅面临着生产成本不断攀升、劳动力资源短缺、客户需求个性化、产能过剩、竞争加剧等问题，而且面对自然灾害、瘟疫、贸易壁垒，甚至逆全球化等诸多挑战。在这种动态多变的环境下，制造业正在进行深刻变革：从大批量生产走向大批量定制和个性化定制；从纵向一体化转向横向一体化，强化供应链协作，从低成本竞争走向差异化竞争；从单纯卖产品转向提供产品＋服务。

为了应对这些挑战，制造企业高度关注各种新技术、新材料和新工艺的应用，如将传统的制造技术与信息技术、现代管理技术相结合，先后出现计算机集成制造、敏捷制造、并行工程、大批量（大规模）定制、合理化工程等相关理念和技术。随着新一代信息技术的兴起，世界各国都将智能制造作为制造业变革的方向，纷纷提出以智能制造为核心的再工业化战略，其中以德国的"工业 4.0"以及美国的"工业互联网"为代表。

2. 智能制造的概念及其三种范式

工业和信息化部在《智能制造发展规划（2016—2020 年）》中定义，智能制造是"基于新一代信息通信技术与先进制造技术深度融合，贯穿于设计、生产、管理、服务等制造活动的各个环节，具有自感知、自学习、自决策、自执行、自适应等功能的新型生产方式"。实际上，智能制造致力于实现制造业价值链各个环节的智能化，是融合了信息与通信技术、工业自动化技术、现代企业管理技术、先进制造技术和人工智能技术五大领域技术的全新制造模式，它实现了企业的生产模式、运营模式、决策模式和商业模式的创新。

目前国际上与智能制造对应的术语是"smart manufacturing"和"intelligent manufacturing"。其中"smart"被理解为具有数据采集、处理和分析的能力，能够准确执行指令，实现闭环反馈，但尚未实现自主学习、自主决策和优化提升；"intelligent"则被理解为实现自主学习、自主决策和优化提升，是更高层级的智慧制造。从目前的发展来看，国际上达成的普遍共识是智能制造还处于"smart"阶段，随着人工智能的发展与应用，未来将实现"intelligent"。

智能制造是一个"大概念"，是信息技术与制造技术的深度融合。从 20 世纪中叶到 90 年代中期，以计算、感知、通信和控制为主要特征的信息化催生了数字化制造；从 90 年代中期开始，以互联网为主要特征的信息化催生了"互联网＋制造"；当前，以新一代人工智能为主要特征的信息化开创了智能制造的新阶段。这就形成了智能制造的三种基本范式，即：数字化制造（digital manufacturing）——第一代智能制造；数字化网络化制造（smart manufacturing）——"互联网＋制造"或第二代智能制造，本质上是"互联网＋数字化制造"；数字化网络化智能化制造（intelligent manufacturing）——新一代智能制造，本质上是"智能＋互联网＋数字化制造"。这三个基本范式依次展开又相互交织，体现了智能制造的"大概念"特征。

　　未来 20 年,我国智能制造的发展总体上将分成两个阶段。第一阶段:到 2025 年,"互联网＋制造"——数字化网络化制造在全国得到大规模推广应用;同时,新一代智能制造试点示范取得显著成果。第二阶段:到 2035 年,新一代智能制造在全国制造业实现大规模推广应用,实现中国制造业的智能升级。

3. 智能制造的内涵

　　智能制造的内涵可以从技术、实施和创新效果三个层面来理解。

　　从技术层面来理解,智能制造融合了信息技术、先进制造技术、工业自动化技术、智能化技术以及先进的企业管理理念,具体包括物联网、增材制造、云计算、移动应用、虚拟现实与增强现实、工业软件、自动控制、自动识别、工业大数据、信息安全、工业标准等关键技术和标准,这些支撑技术是制造业转型升级的有力推手。

　　从实施层面来理解,智能制造包括:利用以上支撑技术开发智能产品;应用智能装备,自底向上建立智能产线,构建智能车间,打造智能工厂;践行智能研发,提升研发质量与效率;打造智能供应链与物流体系;开展智能管理,实现业务流程集成;推进智能服务,实现服务增值;最终实现智能决策,帮助企业应对市场的快速波动。智能制造的实施内容涵盖产品、装备、产线、车间、工厂、研发、供应链、管理、服务与决策等方面。

　　从创新效果层面来看,智能制造基于新一代信息通信技术,给传统的管理理念、生产方式、商业模式等带来革命性、颠覆性影响,如图 0.4 所示。例如智能产品与智能服务可以为企业带来商业模式的创新;智能装备、智能产线、智能车间、智能工厂可帮助企业实现生产模式的创新;智能研发、智能管理、智能物流与供应链可以促进企业运营模式的创新;而智能决策则可以辅助企业实现科学决策。

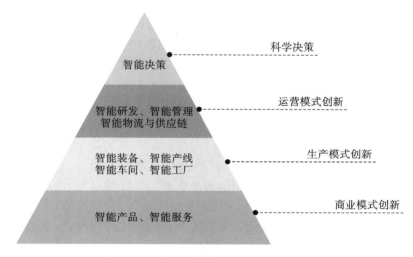

图 0.4　智能制造的核心应用及创新效果

0.5　工程训练课程的目的、内容及要求

1. 工程训练课程的目的

　　工程训练是高等院校各专业教学计划中一个重要的实践性教学环节,旨在通过系统的制造工程实践训练,使学生树立工程意识、学习制造基础知识、提高工程实践能力、培养综合

工程能力与创新意识,培养学生的工程观、质量观、系统观。通过实践学习达到如下教学目标:

(1)通过系统的制造工程实践训练,使学生获得对一般工业生产方法与工业生产环境的感性认识和体验,了解制造技术的现状和发展方向;

(2)以制造工艺方法为主线,通过对各种基础知识的综合学习和体验,培养学生学科交叉融合的系统工程观,为相关理论课和专业课的学习奠定必要的实践基础;

(3)使学生具有基本制造工艺方法的操作技能,提高工程实践能力;

(4)培养学生工程文化素养、团队合作精神和劳动精神,建立创新、质量、安全、环境等系统的工程意识;

(5)培养学生社会责任感和严谨求实的作风。

2. 工程训练课程的内容

智能制造是我国制造业创新发展的主要抓手,是我国制造业转型升级的主要途径,是加快建设制造强国的主攻方向。为了适应国家对相关人才的需求,学校基于智能制造的理念,主要通过智能产线及智能装备等方式对工程训练的软硬件进行了升级改造,对工程训练的教学内容进行了全面改革。本书是工程训练系列课程基础实践工种的教材,其训练项目如图 0.5 所示。

3. 工程训练课程的安全规则及注意事项

1) 安全规则

为了保障学生在实践操作中的人身安全和设备安全,防范安全事故的发生,切实有效降低和控制事故危害,要求学生进入工程实践创新中心时,必须遵守以下安全规则。

(1)进入实训教室的人员必须穿好工作服或其他防护用品,扎好袖口,不准穿拖鞋、凉鞋、高跟鞋,不准穿裙子、短裤、吊带背心等,头发长的同学必须戴工作帽。

(2)严格遵守中心的各项规章制度和安全操作规程。在训练期间严禁违章操作,必须听从指导教师的指导。未经指导教师的许可,不得擅自操作任何仪器设备。

(3)训练必须在指定地点、设备上进行,未经允许不准动用他人的设备和工夹量具,不得随意开启或关闭他人设备的电源、电闸。特别是多人使用同一台设备时,只允许一人操作(包括配套的计算机),禁止多人同时操作。

(4)在教师讲解设备操作时,或者在设备运行过程中,不得随意触摸设备上的任何按键,不得随意打开设备门,不得随意使用或关闭控制设备的计算机。

(5)按照实训教室操作规范,合理安全地使用电源、水源、气源等,严禁湿手操作电源和仪器设备,确保人身安全。

(6)在仪器设备运行过程中,发现设备有异常声音或产生异味时,应立即停机并切断电源,及时报告指导教师,严禁带故障操作或擅自处理。

(7)出现各种事故时,必须保护好现场,并立即报告指导教师。若故意破坏现场,则必须承担相应责任。

(8)学生因违反训练纪律和安全规则造成人身、设备事故,以致出现重大事故或造成严重后果时,按其程度严肃处理,直至追究相应的经济和法律责任。

2) 注意事项

(1)参加实训前在线上完成"工程训练导论"等相关视频的学习,参加"实验室安全知识"考试并合格获得安全准入后方可参加实训。

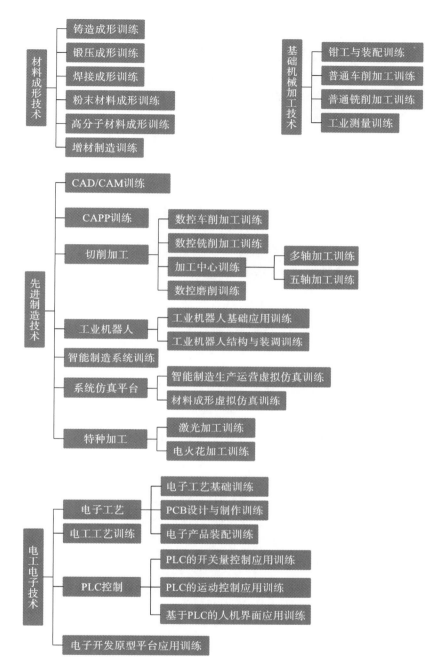

图 0.5　基础实践项目

（2）在训练期间注意爱护和保养机器设备、仪器仪表、工具、量具、刀具等公共财产，保持工位整洁，规范放置工件，不得乱拿工具和工件，损坏公物须照价赔偿。

（3）文明训练，进出工程训练场所时，不得大声喧哗和追逐打闹，禁止乱扔杂物，不得将食物带入实训教室，保持良好的实训环境。

（4）实践过程中不能戴耳机、听音乐等，不得做与训练无关的或其他违反课堂纪律的事情，不听劝告者将被取消该训练项目资格。

（5）按照训练计划的要求，全面完成训练任务，因病事假漏缺的训练内容必须补足，当病事假天数超过实践总天数 1/4 以上时，训练成绩做不及格处理，需要重修本课程。

（6）在参加实践的过程中，应严格遵守训练中心的各项规章制度，遵守实践时间，不得迟到、早退、无故缺席、擅自离岗、串岗。

（7）每次训练结束后，均应做好设备和环境的清洁和整理工作，拒不执行的，按照未完成训练任务处理。

第1章 材料成形技术

1.1 铸造成形训练

铸造是液态金属在重力或外力作用下充满型腔,待其冷却凝固、清整处理后,得到所需铸件的一种成形工艺方法。铸件广泛用于机床制造、动力、交通运输、轻纺机械、冶金机械等设备,铸件重量占机器总重量的40%~85%。随着科学技术的进步和生活水平的提高,3D打印、工业机器人等新技术的快速发展,铸造技术朝着优质、低耗、高效、少污染等方向发展。本训练单元的内容以3D打印砂型铸造、压力铸造和挤压铸造为主。

扫码学习
数字资源

1.1.1 训练目标、内容及要求

1. 训练目标

(1) 熟悉铸造生产工艺过程、特点和应用,了解常用铸造方法的特点和应用;

(2) 了解型砂、芯砂、造型、造芯、合型、熔炼、浇注、落砂、清理,了解常见铸造缺陷的成因及质量控制工艺;

(3) 熟悉砂型铸造、压力铸造和挤压铸造的原理、特点和应用;

(4) 了解铸造生产安全技术、环境保护等知识,并能进行简单经济分析;

(5) 掌握简单砂型铸件的型芯设计、浇注工艺及三维建模方法;

(6) 掌握使用3D打印机制造砂型和砂芯的技能;

(7) 掌握型芯组装、浇注、铸件清理等铸造工艺操作技能。

2. 训练内容

(1) 3D打印砂型铸造训练:通过对铸件的砂型(芯)数字化设计、3D打印加工、机器人浇注、铸件清理等生产工序的训练,了解砂型铸造相关工艺知识及设计要点,掌握砂型3D打印机的使用方法,了解常见的砂型铸造缺陷的成因及质量控制等工艺知识。

(2) 压力铸造产线认知训练:通过校徽工艺盘零件的自动化生产,如给汤机自动给汤料、压铸机自动合模、自动压射、自动开模、顶针顶出、机器人取件、机器人喷雾、红外检测、去渣包等工步,了解学习现代压力铸造成形生产系统的现状及机器人等现代技术在压力铸造生产中的应用等。

(3) 挤压铸造认知训练:通过伞齿轮零件的半自动化生产,如智能浇注机器人自动浇注、四柱液压机自动合模、自动加压、自动开模、顶针自动顶出等工步,了解学习现代挤压铸造成形生产系统的现状及机器人等现代技术在挤压铸造生产中的应用等。

3. 训练安全注意事项

铸造生产涉及大型工业设备,且要与高温熔融金属接触,安全隐患较多。因此,训练过程中,需遵守以下安全操作规程。

(1) 砂型打印过程中应确保人员远离打印区域,避免造成人员伤害,遇到紧急情况应操

作急停按钮。

（2）禁止用嘴吹砂型（芯），使用气枪时，应放入密闭的空间中吹砂，以免砂尘飞入眼中。

（3）启动压铸机和四柱液压机前，应先清理模具上的各种杂物，检查各电气设施、传动部位、防护装置是否齐全、可靠。

（4）开启电源后，检查油泵声响是否正常，液压单元及管道、接头是否有泄漏现象。

（5）熔化和浇注时，按规定穿戴防护用具，除直接操作者外，其他人必须离开一定距离。

（6）手工浇注时，要掌握合适的浇注速度及流量。

（7）设备工作时，严禁打开围栏区，以免造成加工程序终止。

（8）刚铸造出来的铸件温度较高，严禁直接用手接触。可及时夹取铸件进行水冷，以免烫伤他人。

（9）砂型打印、合金熔炼、浇注时会产生有害气体，应保持抽风过滤系统开启。

1.1.2 训练设备

1.3D 打印砂型铸造

训练用核心设备由计算机、混砂机、砂型 3D 打印机（见图 1.1.1）、铝合金熔化炉、精炼除气设备、智能浇注机器人等组成。其中，砂型（芯）的工艺设计和三维建模主要是在计算机上完成的，导出 STL 格式文件，将文件传输至砂型 3D 打印机中；混砂机主要作用是将原砂和固化剂按一定的比例进行均匀混配来制备 3D 打印用砂；砂型 3D 打印机主要用于打印加工设计的砂型（芯）模型；铝合金熔化炉主要用于铝合金的熔化；精炼除气设备主要用于铝合金熔液的除气；智能浇注机器人主要用于铝合金的自动浇注。

图 1.1.1　砂型 3D 打印机

2.压力铸造与挤压铸造

训练用核心设备是一条基于工业互联网建设的压力铸造产线和一套挤压铸造设备。其中压力铸造产线由压铸机、智能压铸辅助控制系统（含给汤机、脱模剂配比机、去渣包机、电器控制柜、检测架、输送带等）、取件喷雾机器人、铝合金熔化炉等组成，其布置图如图 1.1.2 所示。其中，铝合金熔化炉负责金属的熔炼；压铸机负责压射、加压、开合模；取件喷雾机器人负责取件检测和喷脱模剂以及将铸件放置到输送带上；压铸机的智能压铸辅助控制系统负责生产数据的采集和管理，给汤机负责自动将铝液舀至压铸机压室中。

通过编程及自动化控制，基于给汤、压射、加压、机器人取件、喷雾及传送等工序，产线可

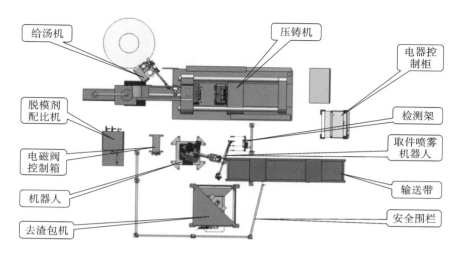

图 1.1.2　压力铸造产线平面布置图

以实现压铸零件的全自动柔性生产。通过智能压铸辅助控制系统采集所有的生产工艺数据,可进一步优化生产工艺,提高产品质量和生产效率。

挤压铸造设备包含四柱液压机、总控柜、浇注机器人、铝合金熔化炉等,其布置图如图1.1.3所示。系统可实现铝合金熔化保温、机器人给汤、合模挤压铸造、开模顶出产品等全自动挤压铸造流程。

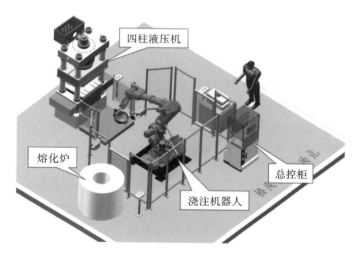

图 1.1.3　挤压铸造设备布置图

1.1.3　训练要点及操作步骤

1. 型芯设计

砂型(芯)设计是基于三维建模软件实现的,下面以弯管产品的操作步骤进行说明,如图1.1.4所示:

(1) 采用常用的三维建模软件绘制弯管产品的三维模型;

(2) 分析弯管产品的零件特点,确定分型面、浇注位置、浇注系统、芯头等铸造工艺参数;

(3) 根据确定的铸造工艺参数完成浇注系统的建模;

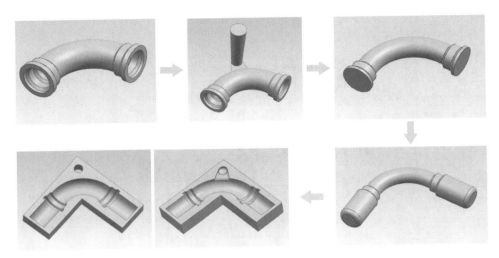

图 1.1.4　弯管型芯设计流程

（4）在产品和浇注系统三维基础上，利用实体布尔运算等功能完成砂芯（含芯头）三维模型的设计；

（5）在产品、浇注系统、砂芯三维基础上，再次利用实体布尔运算功能得到砂型型腔，通过分型面拆分获得上下砂型初步设计；进一步完成排气孔、型芯装配间隙等工艺细节设计，得到最终的上砂型和下砂型；

（6）根据上砂型浇口尺寸设计出合适的浇口杯三维模型。

2. 砂型 3D 打印机加工

砂型 3D 打印的工作原理是：利用计算机技术将型芯的三维 CAD 模型在竖直方向上按照一定的厚度进行切片，将原来的三维 CAD 信息转化为二维层片信息的集合，成形设备根据各层的轮廓信息利用喷头在砂床表面的运动，将液滴选择性喷射在砂粒表面，将部分砂粒黏结起来，形成当前层截面轮廓，逐层循环，层与层之间通过树脂溶液的黏结作用相固连，直至三维模型打印完成。未黏结的砂粒对上层成形材料起支撑作用，成形完成后可以被回收再利用。

砂型 3D 打印机使用的是树脂砂，工作前需进行混砂操作，将原砂和固化剂按照一定比例放置在混砂机中均匀搅拌 5～10 min。若为新砂，则固化剂与砂的质量比按千分之八进行配比；若有旧砂，则旧砂需先进行筛砂清理，筛后的旧砂与新砂的质量比不高于百分之五十，新旧砂均匀混合后，固化剂与砂的质量比按千分之五进行配比。混砂结束后，将砂储存在料斗中，将抽砂管道放置到砂中。

砂型 3D 打印机的操作比较简单，其步骤主要如下。

（1）检查设备：

①用吸尘器清除工作台面及铺粉辊上的粉尘；

②检查喷头是否被污染，若喷头不干净，则先用吸耳球吹一吹喷头，再用清洗液浸湿的尼龙布轻轻擦拭喷头表面；

③仔细检查工作腔内、工作台面上有无杂物，以免损伤铺粉辊及其他元器件。

（2）运行设备：

①启动内置计算机，按下打印机开机按钮，待其指示灯点亮后升起防护罩；

②运行 Easy3DP 软件系统,将工作台面升至极限位置,并在储粉桶中加满混好的料;

③将需加工的粉末材料吸入二级储粉仓,在控制面板中点击手动上粉,直到软件提示上粉完成,首次上粉时间可能较长;

④在调试面板中,点击铺粉,自动利用工作缸及铺粉辊的来回移动,使粉末材料平铺均匀;

⑤在 Easy3DP 软件中打开模型并根据需要进行图形预处理,可通过"实体转换"菜单旋转模型,以选取理想的加工方位,通过"阵列模型"可一次摆放多个砂型进行打印等;

⑥在 Easy3DP 软件中的"控制面板"下点击"加墨"至墨盒加满,点击"加压"排出管道中的空气,用清洁布擦干喷头表面的残留树脂后,在喷头下方放置白纸,点击"闪喷"检查闪喷效果,闪喷不正常时重复以上步骤,若一直有异常无法解决则需更换喷头,闪喷正常则可在"制造面板"下点击制造,待软件自动切片后开始打印;

⑦打印过程中需注意喷头上不能有黏结的砂块,避免堵塞喷头造成不可修复的损伤,还需要检查材料是否足够,抽砂是否正常,避免设备无落砂空运行;

⑧待砂型(芯)固化成形后,按压设备左侧的工作缸电源启动按钮,并按压工作缸向外移动按钮,以取出砂型(芯)。

（3）关闭设备:

加工结束后,先进行初始化,使喷头回到原点,再点击自动清洗,清洗完后将喷头移至保湿墨栈,点击保湿升起,保护喷头,最后降下防护罩,依次关闭计算机和设备电源即可。

3. 合型与浇注操作

1) 砂型(芯)的清理与合型

将打印成形固化好的砂型(芯)取出,利用吹砂机、毛刷等工具清理砂型表面获得砂型(芯),如图 1.1.5 所示。

将上砂型、下砂型、砂芯、浇口杯等组合成一个完整的铸型的操作过程称为合型,又称为合箱。合型是制造铸型的最后一道工序,直接关系到铸件的质量。合型应保证型腔的几何形状、尺寸准确,砂芯安放牢固等。即使铸型和砂芯的质量很好,若合型操作不当,铸件的形状、尺寸和表面质量不仅得不到保证,还会引起气孔、砂眼、错箱、偏芯、飞边和跑火等铸造缺陷。

将上砂型、下砂型、砂芯按照图 1.1.6 所示顺序依次装配,并在浇口处放置浇口杯,便于浇注和成形。在上砂型表面放置压铁避免"跑火"。

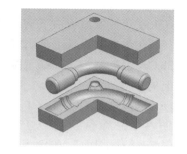

图 1.1.5　砂型(芯)　　　　　　　　图 1.1.6　砂型(芯)装配示意图

2) 手工浇注操作

金属熔炼后,将熔融金属浇入铸型的过程称为浇注。为了获得合格的铸件,除了正确的造型及熔炼合格的合金熔液外，还需要控制浇注温度、浇注速度和浇注操作工艺。

合金熔液浇入铸型时的温度称为浇注温度。合适的浇注温度能保证合金熔液的流动性能，有利于夹杂物的积聚和上浮，减少气孔和夹渣等缺陷。但过高的浇注温度会使铸型表面烧结，铸件表面容易粘砂，合金熔液氧化严重，熔液中含气量增加，冷凝时收缩量增大，铸件易产生气孔、缩孔、热应力大、裂纹等缺陷；浇注温度过低，合金熔液的流动性变差，又容易产生浇不到、冷隔等缺陷。所以，应在保证铸件轮廓清晰的前提下，采用较低的浇注温度。

单位时间内注入铸型中的合金熔液的质量称为浇注速度。较快的浇注速度，可使合金熔液很快地充满型腔，降低氧化程度，但过快的浇注速度容易冲坏砂型、产生气孔或抬箱、跑火等缺陷；较慢的浇注速度易于补缩，获得组织细密的铸件，但过慢的浇注速度会使金属液降温过多，易产生夹渣、冷隔、浇不到等缺陷。所以，应根据合金的种类、铸件的结构和大小等因素合理地选择浇注速度。

浇注前应进行扒渣操作，浇注过程中不能断流，保证浇口处于充满状态。

3）机器人浇注操作

传统的浇注工艺主要以人工为主，存在一定的安全隐患。随着工业机器人及 PLC 技术的发展，智能浇注机器人已逐渐广泛应用。相较于人工浇注，机器人浇注具有以下特点：

（1）可靠性强、稳定性高、正常运行时间长；

（2）安全性高，浇注中金属液体温度极高，采用机器人浇注可以避免人与高温金属液的接触；

（3）一致性高，保证零件生产质量稳定；

（4）通用性和柔性化好，适合不同的应用场合。

操作前，需将砂型依次放置在工位 1 上的 1～3 点位上，并将铝合金熔化炉保护盖移开，以便机器人舀取铝液，然后按照如下步骤依次操作：

（1）开启教室配电柜中的总电源，开启设备电柜中机器人、PLC 系统、伺服系统的电源；

（2）开启机器人电源（旋至 ON 状态）；

（3）待机器人开机后，将控制柜上的按钮（手动/自动）旋至手动状态，再按黄色复位按钮进行汤勺复位，待汤勺复位后，再将按钮（手动/自动）旋至自动状态，绿灯亮即可；

（4）确认安全防护栏门关闭后，将机器人工控机上的钥匙旋至左侧（自动），在示教器面板上点击确认；

（5）点击机器人工控机上的白色按钮使机器人上电；

（6）在示教器面板右下角将机器人运行速度调整为 25%；

（7）在示教器面板上点击"PP 移至 main"并确定，使机器人处于自动运行状态；

（8）点击控制柜上的绿色按钮，选择浇注工位 1，长按至灯亮即可，机器人会自动浇注工位 1 上的 1 号点位；

（9）继续选择浇注工位 1，机器人会依次浇注工位 1 上的 2 号点位、3 号点位，再循环至 1 号点位；

（10）浇注完毕后，依次关闭机器人工控机、设备电柜的电源，以及教室配电柜中的总电源。

4. 铸件落砂清理及质量检测操作

落砂是待铸件在砂型中冷却到一定温度后，打开砂箱（型），取出铸件的过程。落砂时应注意铸件的温度和凝固时间。落砂过早，高温铸件在空气中急冷，易产生变形和开裂；落砂过晚,铸件的冷却收缩会受到铸型或型芯的阻碍而引起铸件变形和开裂。铸件在砂型中停留的时间与铸件的形状、大小及壁厚有关。一般情况下,应在保证铸件质量的前提下尽早落砂。

落砂后的铸件清理工作包括切除浇冒口、清除芯砂、清除粘砂及铸件修整等,以获得铸件成品。

清理完的铸件应进行质量检验。铸件质量包括内在质量和外观质量。内在质量包括化学成分、物理和力学性能、金相组织以及存在于铸件中的孔洞、裂纹、夹杂物等缺陷;外观质量包括铸件的尺寸精度、几何精度、表面粗糙度、质量偏差及表面缺陷等。影响铸件质量的因素很多,某一缺陷可能由多种因素造成,一种因素也可能引起多种缺陷。

5. 压力铸造产线认知及操作

压铸是压力铸造的简称。它是将熔融的液态金属注入压铸机的压室,通过压射冲头的运动,使液态金属在高压作用下,高速通过模具浇注系统填充型腔,在压力下结晶并迅速冷却凝固形成压铸件的工艺过程。

压铸产线操作步骤说明如下:

(1) 开启铝合金熔化炉电源,先预热再逐步加热熔化铝合金,并使用移动式铝液除气机除去铝液中的氢气;

(2) 开启模温机将模具温度预热至 180～200 ℃;

(3) 打开储气罐开关,开启压铸机电源,打开控制柜中机器人和给汤机电源,开启脱模剂配比机、输送带等辅助设备的电源;

(4) 开启压铸机油泵,打开模具,用气枪清理表面,并涂刷涂料;

(5) 将机器人工控机上的电源打开至 ON 挡,将钥匙旋至左侧(自动状态),并在示教器面板上点击确认,最后在机器人工控机上按压白色按钮进行上电;

(6) 在示教器面板上点击"PP 移至 main",然后按启动按钮"▶"运行程序,等待压铸机合模信号;

(7) 将压铸机控制柜上门锁开关旋至"O"挡位,给汤机、压铸机均旋至自动模式,关闭压铸机前门,双手同时按压合模键合模。自此,压铸产线将按照既定程序自动生产。

认知实操时,可在手动模式下练习开合模、锤头进出、顶针顶出复位等操作,以便能更直观地了解压铸的生产过程。

6. 挤压铸造认知及操作

挤压铸造的工艺流程如图 1.1.7 所示,可分为金属熔化和模具准备、浇注、合模和加压、开模和顶出制件等过程。

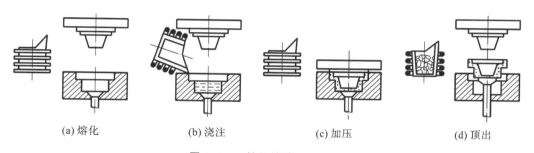

　(a) 熔化　　　　　(b) 浇注　　　　　(c) 加压　　　　　(d) 顶出

图 1.1.7　挤压铸造工艺流程

其操作步骤主要如下：

（1）开启铝合金熔化炉电源，先预热再逐步加热熔化铝合金，并使用移动式铝液除气机除去铝液中的氢气；

（2）加热模具使温度预热至 150～200 ℃，喷洒一次脱模剂；

（3）开启四柱液压机、总控柜、机器人电源；

（4）待机器人开机后，将控制柜上的按钮（手动/自动）旋至手动状态，再按黄色复位按钮进行汤勺复位，待汤勺复位后，再将按钮（手动/自动）旋至自动状态，绿灯亮即可；

（5）确认安全防护栏门关闭后，将机器人工控机上的钥匙旋至左侧（自动），在示教器面板上点击确认；

（6）点击机器人工控机上的白色按钮使机器人上电；

（7）在示教器面板右下角将机器人运行速度调整为 25%；

（8）在示教器面板上点击"PP 移至 main"并确定，使机器人处于自动运行状态；

（9）点击控制柜上的绿色按钮，选择浇注工位 2，长按至灯亮即可，机器人会自动浇注；

（10）浇注完毕后，四柱液压机会自动保压一定时间并开启模具，顶出产品，再人工夹取铸件，将铸件取出。

整个过程半自动化运行，每十模需喷洒一次脱模剂。

1.1.4　训练考核评价标准

铸造成形训练内容及考核评价标准见表 1.1.1。

表 1.1.1　铸造成形训练内容及考核评价标准

序号	训练内容	考核标准	满分值/分
1	软件操作、设备操作等	通过指导，能独立规范操作，完成砂型（芯）的设计和打印，并根据指导意见对偶尔操作失误进行纠正	40
2	铸件作品加工	（1）铸件产品外形完整，无欠铸、飞边； （2）铸件无变形； （3）铸件表面无砂眼等缺陷	40
3	安全实践	熟悉并掌握基本设备、工具和仪器的安全操作规程并正确使用	10
4	文明实践与"5S"执行	具备优秀工程素养，明确职业道德，遵守实训纪律，注意环境卫生，乐于助人，无迟到早退行为	10

思考题

1.铸造的种类有哪些？

2.砂型铸造各系统的组成及各部分的功能是什么？

3.3D 打印砂型铸造与传统砂型铸造相比，优缺点是什么？

4.挤压铸造与压力铸造、模锻相比，优缺点是什么？

1.2 锻压成形训练

利用金属在外力作用下所产生的塑性变形来获得具有一定形状、尺寸和力学性能的原材料、毛坯或零件的成形工艺,称为金属塑性成形工艺。锻压是锻造和冲压的合称,锻造和冲压都属于金属塑性成形(压力加工)工艺。使金属坯料在上下砧铁间或锻模模膛内受冲击力或压力而变形的成形工艺称为锻造。金属板料在冲模之间受压产生分离或变形的成形工艺称为冲压。与其他加工方法相比,锻压成形具有产品尺寸精确、材料利用率高、后续机加工少、生产效率高、便于实现自动化生产等特点,广泛应用于航空航天、汽车、国防、船舶、通用机械等行业。

扫码学习
数字资源

1.2.1 训练目标、内容及要求

1. 训练目标

(1) 了解现代智能锻造产线的组成及关键技术;

(2) 了解锻造、冲压、旋压的基本原理、工艺特点及应用;

(3) 了解锻造、冲压、旋压工艺的模具结构组成及特点;

(4) 了解锻造、冲压、旋压工艺的关键工艺参数及控制要点;

(5) 具备冲压模具的拆装能力;

(6) 具有使用旋压机进行回转体零件加工的能力;

(7) 基本掌握液压机等锻造设备的操作方法。

2. 训练内容

(1) 冲压模具拆装训练:根据冲压模具装配图和零件图,完成冲压模具的拆分及组装训练,达到了解典型冲压模具结构的目的。

(2) 旋压成形训练:通过旋压机上机操作,学会旋压机的基本使用方法,包括旋压机安全使用、上料动作及调整、程序运行、旋压加工等。通过执行旋压产品程序及观看旋压机加工过程,了解旋压成形工艺及材料塑性流动过程。旋压产品如图 1.2.1 所示。

(3) 钣金手工制作训练:通过手动折弯机、激光切割机等设备进行手机支架(见图 1.2.2)制作,了解钣金工艺过程。

图 1.2.1 旋压产品

图 1.2.2 手机支架

（4）锻造成形训练：通过多人配合，用人工操作代替机器人进行锻造成形，一人上料，一人操作压力机，通过设置不同的工艺参数（压力、滑块下落速度等）完成锻造成形过程，得到模锻的齿轮零件，以进一步了解锻造成形的基本过程。

（5）智能锻造产线认知训练：通过模锻零件的自动化生产，如机器人自动上下料、转底炉加热、伺服压力机锻造成形、三维扫描单元在线检测、机器人拾取零件入库等工步，了解学习现代锻造成形生产线的现状、工业互联网以及机器人等现代技术在智能锻造产线中的应用等。

3.训练安全注意事项

（1）模具拆装时，请将整个模具摆在操作台中间，避免模具掉落使脚部受伤；拆分上下模时，至少两人缓慢操作，应避免模具零件尤其是导柱导套掉落。

（2）旋压操作前，请检查设备及工作场地是否清扫、擦拭干净；请正确穿着工作服，袖口扎紧，长发同学请佩戴工作帽，包裹头发；上料完成安全门关闭后才可进行操作；操作时请勿靠近设备运行作业区范围，避免夹伤，如发生事故，应及时按下急停按钮；旋压完成后，清扫工作场地和设备上的杂物。

（3）使用手盘冲床/折弯机时只能一人操作，其他同学请保持安全距离；使用工具裁剪和划线时，一定小心谨慎，请避免划伤自己和他人。

（4）进行转底炉取料时，请佩戴隔热手套使用工具，保持与转底炉的安全距离；将加热后的棒料转移到压力机上的模具中后，请远离压力机，再进行机器锻打操作。

（5）使用工具将锻造零件放到零件放置台后，请远离三维扫描机器人工作区域，再进行三维扫描。

（6）智能锻造产线运行前，请检查各个单独设备是否正常运行，且在安全位置；智能锻造产线开启后，只能在安全围栏外观看，严禁进入安全围栏内部区域。

1.2.2 训练设备

训练用核心设备是一条基于工业互联网建设的智能锻造产线，产线由上料台、自动上下料机器人、转底炉、伺服液压机、接触式温度传感器、自动喷淋装置、三维扫描单元、自动线集成及总控系统等设备组成，其布置图如图 1.2.3 所示。其中，自动上下料机器人负责原材料或者零件的转移；转底炉负责材料加热；伺服液压机负责锻造成形；接触式温度传感器负责测温；自动喷淋装置负责润滑及冷却；三维扫描单元负责在线检测零件尺寸；自动线集成及总控系统负责数据的传输和管控产线。

通过自动化控制，基于转底炉加热、数控伺服锻压机锻压、三维扫描测量尺寸等工序，产线可以实现锻造零件的全自动生产。通过工业互联网系统，自动线集成及总控系统会采集所有的生产工艺数据，用于优化生产工艺、提高产品质量和生产效率。产线自动生产加工的示范产品为圆柱齿轮，选用材料为 6061 铝合金，由直径为 $\phi40$ mm×42 mm 的圆柱坯料锻造而成，如图 1.2.4 所示。

产线外置有数控旋压机、手盘冲压机、手工折弯机等各种冲压设备，用于各种锻压工艺的操作训练。

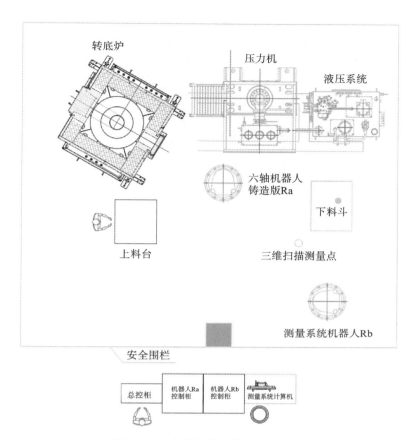

图 1.2.3　智能锻造产线平面布置图

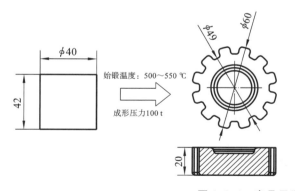

非标圆柱齿轮参数	
齿形	非渐开线
齿数	12
模数	4.3
齿顶圆直径	60
齿根圆直径	49
齿槽宽	6.3
齿厚	7.9
齿高	20

图 1.2.4　产品示意图

1.2.3　训练要点及操作步骤

1. 冲压模具拆装

冲压模具拆装基于一套拉深落料复合冲裁模具(见图 1.2.5)来实现,其工作原理如图 1.2.6 所示,拆装步骤如下:

图 1.2.5　拉深落料复合冲裁模具

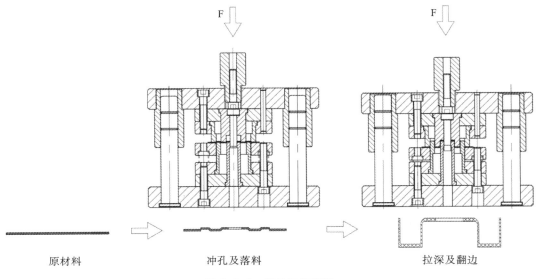

原材料　　　　　　　　　冲孔及落料　　　　　　　　拉深及翻边

图 1.2.6　模具工作原理

（1）阅读拉深落料复合冲裁模具总装图（见图1.2.7）和零件图纸，区分上下模具和各部分零件的功能；

（2）将模具分为上下两部分进行模具拆分，核对图纸，找出所拆零件的名称并将模具零件按顺序摆列整齐；

（3）将零件拆完以后按照总装图纸进行组装，并检查是否缺少零件。

2. 旋压机操作

旋压机如图1.2.8所示，最大可加工料片直径为200 mm，主电动机最小功率为3.7 kW，最大横向行程（X 轴）为200 mm，最大纵向行程（Z 轴）为260 mm，主轴转速范围为50～4000 r/min，纵向和横向进给量范围为0～3.0 mm/r。

产品（见图1.2.1）加工分为四个过程，如图1.2.9所示，首先进行剪切裁边，其次进行拉深成形，然后进行壁厚减薄，最后进行卷边成形，即可得到产品。旋压机主要操作步骤如下：

（1）首先通过旋压机操作面板选择"HANDLE"模式，通过"TAILSTOCK"（尾座）按钮进行板料上料操作，要求板料中心与模具中心对齐；

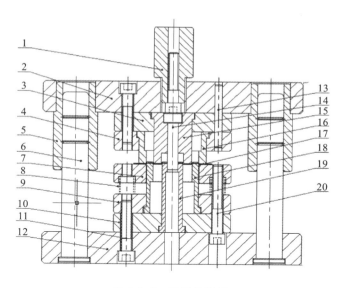

图 1.2.7 模具总装图

1—模柄;2—上模座;3—拉深凹模固定板;4—落料板;5—导套;6—导柱;7—弹簧卸料板;8—卸料弹簧;
9—凸模固定板;10—下垫板;11,20—内六角螺钉;12—下模板;13—定位销;14—冲孔凸模;15—拉深凹
模;16—落料凹模;17—板料;18—落料凸模;19—拉深凸模

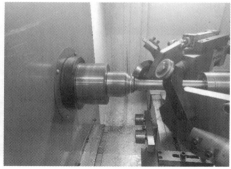

图 1.2.8 旋压机

（2）放置好板料后,将模式切换到"MEMORY"模式,确认程序无误后,按下"CYCLE START"绿色循环启动按钮,旋压机即按照程序进行产品加工。

3. 钣金手工制作

钣金手工制作主要使用劳动工具进行简单的钣金产品制作,常用工具及操作如下。

（1）划针及高度尺:利用划针及高度尺对金属板料进行划线,设计零件外形。

（2）激光金属切割机:利用激光金属切割机进行板料下料。

（3）手盘冲压机:通过手盘冲压机及定制冲头对钣金件进行冲孔。

（4）手工折弯机:通过手工折弯机按照划线对金属板料进行折弯。

（5）拉铆钉枪:利用拉铆钉枪对零件进行固联组装。

钣金手机支架制作过程如图 1.2.10 所示。

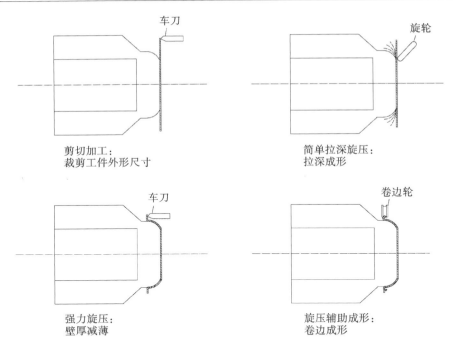

图 1.2.9　产品旋压成形过程

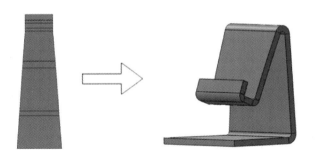

图 1.2.10　钣金手机支架制作过程

4. 数控伺服液压机操作

伺服液压机主机由机身、滑块、主缸、顶出缸、行程限位等部分组成,如图 1.2.11 所示,其操作界面如图 1.2.12 所示。液压机具有独立的液压系统和电气系统,通过伺服电动机实现驱动油泵的压力、速度的闭环控制,确保滑块的精密运动,其运动速度转换平稳、无振动及冲击。

伺服液压机操作:将"工作方式"旋钮调到"2"模式,确认好工艺参数(包括压力大小、保压时间、工进点位置、下止点位置等),确保人和夹具都在安全位置,按下循环按钮,即可进行锻打。

5. 智能锻造产线认知

智能锻造产线加工流程如图 1.2.13 所示,其详细工步主要如下。

(1)上料:机器人 Ra 从上料平台的取料点取料,炉门打开,机器人 Ra 将棒料放进转底炉放料点,转底炉旋转一定角度,棒料开始预热。机器人 Ra 回到起始取料点附近等待下一工作流程。

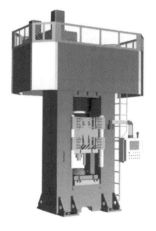

图 1.2.11　伺服液压机

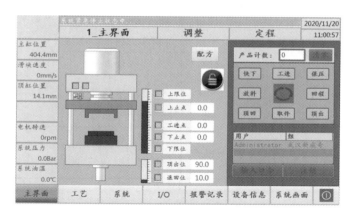

图 1.2.12　液压机操作界面

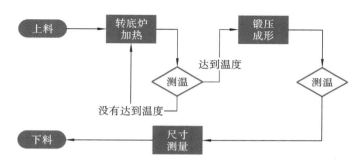

图 1.2.13　智能锻造产线加工流程

（2）加热：将棒料加热合适的时间后，机器人 Ra 从转底炉里将棒料取出。

（3）测温及锻打：将棒料放到温度传感器上进行测温，当温度达到始锻温度（500～550 ℃）时，机器人 Ra 将棒料取出送至数控伺服液压机成形点，压力机采用 100 t 的压力完成成形动作，将棒料压成齿轮锻件，然后将锻件顶出。如果棒料温度未达到始锻温度，则需将棒料放回转底炉进行加热。

（4）高温测量：机器人 Ra 从成形点取料放到温度传感器上进行锻后测温（终锻温度为200 ℃左右），然后将棒料送至三维扫描测量点等待，与此同时系统自动喷石墨完成成形模腔的润滑及冷却；测量系统机器人 Rb 完成成形后的锻件扫描动作。

（5）下料：扫描完成后机器人 Ra 将锻件送至料框。

如此，整条生产线流水线式操作，周而复始，循环运行。

1.2.4　训练考核评价标准

锻压成形训练内容及考核评价标准如表 1.2.1 所示。

表 1.2.1　锻压成形训练内容及考核评价标准

序号	训练内容	考核标准	满分值/分
1	产线认知	基础得分，参与完成即给分	40
2	模具拆装	拆装顺序，模具还原	10

续表

序号	训练内容	考核标准	满分值/分
3	旋压机操作	操作过程,产品质量	20
4	钣金手机支架制作	钣金零件质量	10
5	安全实践	熟悉并掌握基本设备、工具和仪器的安全操作规程并正确使用	10
6	文明实践与"5S"执行	具备优秀工程素养,明确职业道德,遵守实训纪律,注意环境卫生,乐于助人,无迟到早退行为	10

思考题

1.什么是锻压?请列举相关工艺名称。

2.旋压工艺的注意事项有哪些?

3.智能锻造产线由哪些部分组成?模锻工步有哪些?与传统锻造相比智能锻造存在哪些优势?

4.简述三维扫描的原理,并结合智能锻造产线介绍其作用。

1.3　焊接成形训练

焊接是通过加热、加压,或二者并用,使两个分离的同种或异种材料产生原子或分子之间的结合与扩散,形成永久性连接的工艺方法。作为金属毛坯成形的主要工艺方法之一,与铸造、锻造相比,焊接工艺具有投资少、省工省料成本低、生产效率高、易于制造大型和形状复杂零件等优点,广泛应用于汽车、建筑、船舶重工、航空航天、核电等行业。

扫码学习
数字资源

1.3.1　训练目标、内容及要求

1.训练目标

(1)熟悉焊接生产工艺过程、特点及分类,了解常用焊接方法的特点及应用;

(2)了解电弧焊的种类和主要技术参数、焊接接头形式、坡口形式及不同空间位置的焊接特点,熟悉焊接工艺参数及其对焊接质量的影响,了解常见焊接缺陷;

(3)了解焊接成形生产系统的基础组成,了解工业互联网、机器人及 CAE 等现代技术在焊接生产中的应用;

(4)熟悉机器人弧焊、气体保护焊、电阻点焊等焊接工艺,了解无损探伤方法;

(5)掌握机器人弧焊工作站编程,熟悉冲压与焊接生产线的工艺流程、数控冲压编程等;

(6)熟悉焊条电弧焊、气体保护焊、氩弧焊、点焊等手工焊接方法。

2.训练内容

(1)冲压焊接一体产线认知训练:通过柜体零件的自动化生产,如机器人自动上下料、

数控冲压、机器人拾取码垛、数控折弯、机器人焊接等工步,了解学习现代焊接成形生产系统的现状、工业互联网及机器人等现代技术在焊接行业中的应用等。

（2）机器人弧焊训练:通过机器人示教编程,学习现代焊接机器人的使用方法。

（3）CO_2气体保护焊训练:通过仿真及实际焊接练习,了解气体保护焊相关工艺知识及操作要点。

（4）焊条电弧焊训练:通过实际焊接练习,了解焊条电弧焊相关工艺知识及操作要点。

（5）电阻点焊训练:通过钣金零件的点焊成形训练,了解电阻点焊的相关知识及操作要点。

3. 训练安全注意事项

（1）电弧焊时必须戴上防护面罩,不准用眼睛直视电弧,以防弧光灼伤眼睛;

（2）电焊钳应轻取轻放,不得将焊钳置于焊台上,以防短接起弧。

（3）焊接操作时,应注意防止火灾、触电、烫伤、烧伤等。

（4）操作焊接机器人时,一定要确保在安全范围内。

1.3.2　训练设备

训练用核心设备是一条基于工业互联网建设的冲压焊接产线,产线由数控转塔冲床、自动上下料机器人、折弯机器人、数控折弯机、钨极氩弧焊（TIG 焊）机器人、焊接机器人智能引导系统、数据采集系统、工业互联网系统等组成,其布置图如图 1.3.1 所示。其中,自动上下料机器人负责数控转塔冲床用板料的上下料,数控转塔冲床负责金属板料的下料加工,数控折弯机负责板料的折弯加工,TIG 焊机器人负责柜体零件的焊接成形,折弯机器人负责冲压、折弯、焊接设备之间的物料运输及随动折弯,工业互联网系统和数据采集系统负责生产数据的采集和管理。

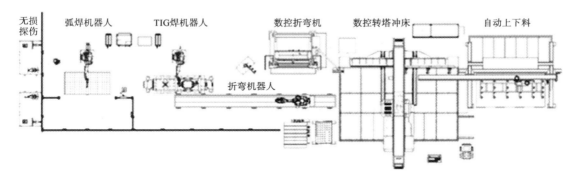

图 1.3.1　冲压焊接产线平面布置图

通过编程及自动化控制,基于数控冲压、数控折弯、机器人焊接及码垛等工序,产线可以实现钣金零件的全自动柔性生产。通过工业互联网系统,产线数据采集系统会采集所有的生产工艺数据,用于优化生产工艺、提高产品质量和生产效率。产线自动加工的示范产品为柜体零件,其中原材料为 1.5 mm 厚的 Q235 钢板,毛坯板料、冲压中间件及最终产品如图 1.3.2 所示。

产线外配备有弧焊机器人和氩弧焊、焊条电弧焊、CO_2焊、电阻点焊、埋弧自动焊、焊接 CAE、超声波探伤等焊接设备,用于各种焊接工艺的操作训练。

(a) 毛坯板料

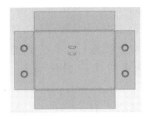
(b) 冲压中间件

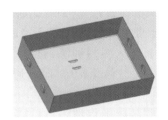
(c) 最终柜体产品

图 1.3.2　产品示意图

1.3.3　训练要点及操作步骤

1. 数控冲压编程及操作

数控冲压编程是基于 CNCKAD 软件实现的,编程步骤如下:

(1) 采用通用 CAD 软件绘制钣金零件的二维图,并保存为低版本 DWG 格式(如 2004 版);

(2) 打开 CNCKAD 软件,通过"导入"工具导入钣金零件图纸,并设置合适的板材种类及板厚;

(3) 通过"板料/夹钳"工具,设置实际板材尺寸及卡钳位置(卡钳位置必须与机床目前卡钳位置一致);

(4) 通过"手工添加冲压"工具,选择合适的冲压工艺和模具,生成对应的冲压刀路,其中模具必须选用转塔中的模具,而不能选用模具库中的模具;

(5) 通过"添加微连接"工具,添加合适的微连接,防止套裁时加工后的板料脱离大板;

(6) 通过"NC"工具,仿真及输出刀路。

图 1.3.3 所示为柜体钣金中间件的冲压程序示例界面。

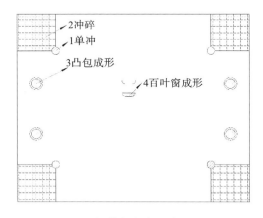

图 1.3.3　柜体钣金中间件程序界面

数控冲压机床的操作步骤相对比较简单,与常规加工中心操作步骤类似,详细步骤主要如下:

(1) 数控机床开机,并完成回零操作;

(2) 通过卡钳及原点销定位,手动按压夹钳开合开关完成板料毛坯的装夹;

（3）AUX 模式下通过 U 盘拷贝冲压程序到数控系统存储器中，AUTO 模式下按"循环启动"键开始加工；

（4）加工完毕后，按压夹钳开合开关完成板料零件的松料。

2. 焊接机器人程序编制及操作

1）焊接机器人程序编制

本项目使用的两台焊接机器人均为 FANUC 机器人，其焊接程序的编制主要通过示教器来实现，具体程序可参见相关视频。典型的 FANUC 焊接机器人程序如表 1.3.1 所示，实现图 1.3.4 所示焊缝的焊接。

表 1.3.1　典型 FANUC 焊接机器人焊接程序说明

行号	程序代码	说明
1	J P[1]100% FINE	以 100% 的速度关节运动到 P1（焊缝上方安全点）
2	J P[2]100% CNT100	以 100% 的速度关节运动到 P2，接近起弧点
3	L P[3]25 mm/sec FINE Weld Start[1,1]	以 25 mm/s 的速度直线运动到 P3（焊接起点），起弧
4	L P[4]25 mm/sec CNT100	以 25 mm/s 的速度直线焊接到 P4，生成直线焊缝
5	C P[5]	以 25 mm/s 的速度圆弧焊接到 P5 及 P6，生成圆弧焊缝
6	P[6]25 mm/sec CNT100	
7	L P[7]25 mm/sec FINE Weld End[1,1]	以 25 mm/s 的速度直线焊接到 P7，熄弧，直线焊接到焊缝终点
8	J P[8]50% CNT100	以 50% 的速度关节运动到 P8
9	J P[9]50% CNT100	以 50% 的速度关节运动到 P9
10	Call SafeHome	调用 SafeHome 子程序返回机器人安全点（HOME 点）

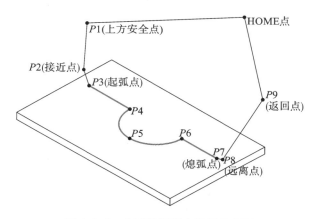

图 1.3.4　典型焊缝程序运行示意图

程序中常用的编程指令说明如下：

（1）起弧和熄弧指令：Weld Start[1,1]、Weld End[1,1]。

指令中[1,1]表示选用焊机中预设的焊接模式1中第1系列的工艺参数，包含电压、电流及送丝速度等。机器人与焊机之间采用JOB控制方式。

（2）运动指令：J P[2]100% CNT100。

其中"J"表示关节运动命令；"P[2]"为本行指令的目标点；"100%"为运动速度。"CNT100"为本行指令的终止类型。

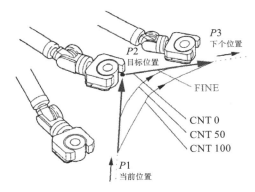

图1.3.5 运动指令终止类型参数

终止类型有FINE和CNT两种，其区别如图1.3.5所示。终止类型为FINE，表示程序精确运动到目标点P2，并在目标点P2处有明显的停顿。终止类型为CNT0，表示程序精确运动到目标点P2，但在P2处不停顿，继续向P3点移动。终止类型CNT50、CNT100表示机器人远离P2，圆弧运动到P3。

运动指令中"L""C"表示直线运动、圆弧运动。

焊接示教编程时，一定要注意以下几点：

（1）起弧点和熄弧点程序行的终止类型必须是FINE，弧焊中间点程序行的终止类型必须是CNT0、CNT50、CNT100；

（2）原则上不得采用关节运动指令使机器人移动到弧焊中间点、结束点等；

（3）起弧点、焊接中间点、熄弧点处钨极或焊丝与母材的距离应保持在2～3 mm；

（4）焊接时焊枪应根据焊接工艺要求设定为相对焊件合适的姿态，气体保护焊焊接运行方向通常为左向；

（5）注意设置合适的焊接工艺参数。其中电流、电压及送丝速度在焊机中预先设置，焊接速度在机器人程序中设置，气体压力、流量由气瓶控制阀控制。

2）焊接机器人示教器操作

FANUC机器人示教器与其他机器人示教器大同小异，常用操作主要如下。

（1）异常警告的消除：长按使能开关的同时，重复按压复位键（RESET）可消除异常警告。

（2）焊接有效的设置：按下SHIFT＋TOOL1键可实现焊接有效的设置，屏幕上"焊接"图标点亮表示焊接有效。

（3）焊枪位置及姿态调整方法：一般通过"COORD"键选择合适的坐标系，然后同时按下使能开关、SHIFT键及对应轴号等来实现机器人的姿态调整及空间位置的移动。焊枪空间位置建议在世界坐标系下移动定位，焊枪姿态建议在关节坐标系下调整。

（4）焊枪位置及姿态的保存方法：通过方向键将光标移动到对应程序行，然后参照第（3）步调整机器人到对应位置及姿态，再按下SHIFT键及F5软键（校正位置），保存点的空间位置及姿态到该行指令对应点。

（5）编程过程中焊枪接近母材时速度调整为5%，执行程序前机器人运动速度调整为100%。

（6）程序编制完成后，可空运行一次，再进行焊接有效设置进行正式焊接。

3）焊接机器人程序执行

FANUC焊接机器人有两种程序执行方式，一是示教器手动执行，二是控制器自动执行。训练时以示教器手动执行程序为主，其操作步骤为：

（1）确认无异常警告、焊接有效、机器人运行速度为100%，焊枪在安全位置；

（2）通过方向键将光标移动到程序的首行；

（3）长按使能开关和SHIFT键，再按下FWD键即可运行程序。程序执行过程中，使能开关和SHIFT键不能松开，FWD键可以松开。

3. 焊条电弧焊工艺及操作技术

焊条电弧焊所用设备比较简单，操作方便、灵活，适用于厚度2 mm以上各种金属材料和各种形状结构、空间位置的焊接，是目前应用最广泛的一种焊接方法。焊条电弧焊机有交流和直流之分，其中交流弧焊机常用于一般结构件，直流弧焊机常用于较重要的结构件。焊条也有碱性焊条和酸性焊条之分，其中酸性焊条适用于一般低碳钢和相应强度等级的低合金结构钢的焊接，碱性焊条主要适用于低合金钢、合金钢及承受动载荷的低碳钢重要结构的焊接。

焊条电弧焊的工艺参数主要有焊条直径、焊接电流、焊接速度和弧长等。焊条直径一般取决于工件厚度，常见的焊条直径选择可参见表1.3.2。立焊和仰焊时选择的焊条直径应比平焊时小一些。

表 1.3.2　焊条直径的选择　　　　　　　　　　　　　　　mm

焊接厚度	2	3	4～7	8～12	＞12
焊条直径	1.6～2.0	2.5～3.2	3.2～4.0	4.0～5.0	4.0～5.8

焊接电流可参考焊条直径选择，平焊低碳钢时，焊接电流I（A）和焊条直径d（mm）的关系可由下面的经验公式确定：

$$I = (30 \sim 60)d$$

由此经验公式获得的焊接电流只是一个初步数值，还要根据焊接厚度、接头形式、焊接位置、焊条种类等因素，通过试焊进行调整。

焊接速度是指单位时间内完成的焊缝长度，对焊缝质量影响较大，焊接速度过快过慢都不合适。通常在保证焊透的情况下，应尽可能增大焊接速度。

弧长是指焊接电弧的长度。弧长过长，燃烧不稳定，熔深减小，空气易侵入，产生缺陷。因此，操作时尽量采用短弧。一般要求弧长不超过焊条直径，多为2～4 mm。

焊条电弧焊基本操作技术主要如下：

（1）接头清理　焊接前除尽接头处铁锈、油污，以便引弧、稳弧和保障焊缝质量；

（2）引弧　引弧就是指开始焊接时使焊条和焊件间产生稳定的电弧。常用的引弧方法有划擦法和敲击法，如图1.3.6所示。焊接时将焊条端部与焊件表面划擦或轻敲后迅速将焊条提起2～4 mm的距离，电弧即被引燃。

（3）运条　引弧后，首先必须掌握好焊条与焊件的角度（见图1.3.7），同时完成焊条的三个基本动作（见图1.3.8）：焊条沿其轴线向熔池送进，焊条沿着焊接方向移动，焊条做横向摆动（为了获得一定的熔宽）。

（4）焊缝收尾　焊缝收尾时，要填满湖坑，为此焊条要停止前移，在收弧处画一个小圈并慢慢将焊条提起，拉断电弧。

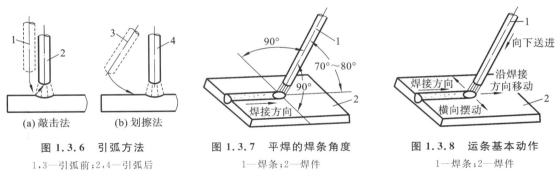

| (a) 敲击法 | (b) 划擦法 | 图 1.3.7　平焊的焊条角度 | 图 1.3.8　运条基本动作 |

图 1.3.6　引弧方法
1,3—引弧前；2,4—引弧后
图 1.3.7　平焊的焊条角度
1—焊条；2—焊件
图 1.3.8　运条基本动作
1—焊条；2—焊件

4. TIG 焊工艺及操作技术

TIG 焊可用于几乎所有金属和合金的焊接，其中铝、镁及其合金的焊接通常采用交流 TIG 焊，不锈钢、高合金钢等其他材料通常采用直流 TIG 焊。TIG 焊为非接触式引弧方式，应控制钨极与母材的间距以确保起弧。手动 TIG 焊时，钨极与焊件的距离通常保持在 1.5 倍钨极直径左右，手压焊枪上的开关按钮，即可实现起弧焊接；机器人自动焊接时，钨极与焊件的距离一般为 2~3 mm，程序执行时会根据程序指令自动起弧和熄弧。

TIG 焊的工艺参数有电流、电压、焊速、氩气流量等，其大小与被焊材料种类、焊丝直径、板厚及接头形式有关，可参考相关手册。TIG 焊一般采用左向焊接，焊接过程中，焊枪、焊丝和工件之间必须保持正确的相对位置。典型的手工 TIG 焊操作如图 1.3.9 所示。

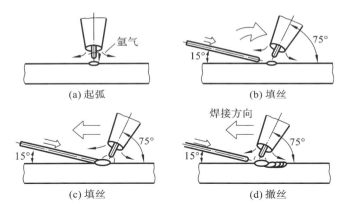

| (a) 起弧 | (b) 填丝 |
| (c) 填丝 | (d) 撤丝 |

图 1.3.9　手工 TIG 焊操作示意图

5. CO_2 气体保护焊工艺及操作技术

CO_2 气体保护焊适用于低碳钢和强度级别要求不高的普通低合金钢的焊接，不适合焊接易氧化的有色合金及高合金钢。CO_2 气体保护焊一般使用直流焊机，采用直流反接方式（焊枪接焊机正极），使焊接过程中电弧稳定、飞溅少。CO_2 气体保护焊为接触式起弧方式，在半自动焊接中，焊丝前段与母材间保持适当距离，按下焊枪开关开始送丝，在焊丝前端与母材产生接触的同时实现自动引燃电弧。

CO_2 气体保护焊的工艺参数主要有焊丝直径、焊接电流、电弧电压、焊接速度、焊丝伸出长度、送丝速度、气体种类及流量、装配间隙、坡口尺寸、焊枪角度等，具体参数可参考相关手册。CO_2 气体保护焊通常采用左向焊接，气体保护效果好，焊缝美观。焊枪角度一般为 10°~25°，可以采用前进法或后退法焊接（见图 1.3.10）。

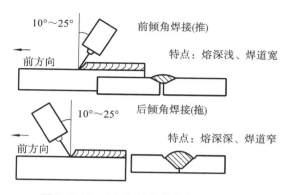

图 1.3.10 CO₂气体保护焊操作示意图

1.3.4 训练考核评价标准

焊接成形训练内容及考核评价标准如表 1.3.3 所示。

表 1.3.3 焊接成形训练内容及考核评价标准

序号	训练内容	考核标准	满分值/分
1	产线认知、无损探伤、点焊等	基础得分,参与完成即给分	40
2	CO₂气体保护焊	仿真机成绩、实际焊缝质量	10
3	焊条电弧焊	实际焊缝质量	10
4	机器人弧焊	机器人弧焊编程、实际焊缝质量	20
5	安全实践	熟悉并掌握基本设备、工具和仪器的安全操作规程并正确使用	10
6	文明实践与"5S"执行	具备优秀工程素养,明确职业道德,遵守实训纪律,注意环境卫生,乐于助人,无迟到早退行为	10

思考题

1. 按照热源的不同常用的焊接方法可分为哪些种类?简述它们各自的特点及应用。

2. 为什么交流 TIG 焊适用于焊接铝、镁及其合金材料?

3. TIG 焊和 CO₂气体保护焊分别采用什么引弧方式?

4. 焊接机器人的基本工作原理是什么?典型弧焊机器人组成是什么?

1.4 粉末材料成形训练

粉末材料成形是采用成形和烧结等工序,将金属粉末或非金属粉末(或二者的混合粉末)制成各种制品的工艺技术。粉末材料成形技术可以实现多种材料的复合或组合,以低成本生产各种高性能金属基和陶瓷基复合材料,广泛应用于交通、机械、电子、航天、航空等领域。

扫码学习
数字资源

1.4.1　训练目标、内容及要求

1.训练目标

(1) 了解粉末干压、流延和注射成形工艺的原理、特点和应用;

(2) 熟悉干压及流延成形机的操作使用方法;

(3) 了解金属/陶瓷注射成形机的操作使用方法;

(4) 认识箱式排胶炉、箱式烧结炉和真空烧结炉的功能及应用。

2.训练内容

(1) 学习干压成形压力机的使用方法,并完成金属粉末成形和陶瓷粉末成形的模压成形,其中陶瓷粉末需要造粒后再压制;

(2) 学习陶瓷流延成形机的使用方法,完成流延生坯带的制作及冲剪、叠压成形的实践操作;

(3) 学习金属/陶瓷注射成形机的使用方法,完成金属粉末和陶瓷粉末注射制品的实践生产;

(4) 了解排胶炉、烧结炉和真空烧结炉的使用方法及要点。

3.训练安全注意事项

(1) 粉末模具装配部分:应在操作台中间位置进行装配,避免零部件掉落造成砸伤事故或损坏模具。

(2) 粉末注塑机操作部分:开机前应仔细检查设备及工作场地是否清扫、擦拭干净;开机后应确保操作面板上无异常警告;不得触摸料筒等高温区域;模具运动时,确保安全门关闭且模具上无异物残留;注射单元运动时,应确保运动路径上无阻碍物且喷嘴清洁。

(3) 操作排胶炉、烧结炉、真空烧结炉时应注意高温危险,避免烫伤。

1.4.2　训练设备

粉末成形的工艺流程如图 1.4.1 所示,主要工序有粉末制备及预处理、成形、烧结和后处理。

图 1.4.1　粉末成形的工艺流程

(1) 粉末制备及预处理　粉末是粉末成形中最基本的原料,粉末的粒度、形状和纯度对粉末成形质量的影响至关重要。粉末成形前,需要进行一定的预处理,包括分级、混合、造粒等。

(2) 成形　将粉末及各种添加剂均匀混合制成具有一定形状和尺寸、一定密度和强度的坯块。

(3) 烧结　将粉末成形坯块在物料主要组元熔点以下的温度进行高温处理,使制品达到所要求的物理力学性能。

(4) 后处理　烧结后的制品可能需要进行后处理,如精整、浸渍、机加工、热处理等,以满足制品最终使用要求。

本训练用设备主要有粉末干压设备、流延成形设备和注射成形设备等三种成形设备及烧结设备。

1. 粉末干压

模压成形是将粉料装入封闭的模具内,通过压力机或液压机施加一定压力,将粉料制成压坯的方法,图 1.4.2 和图 1.4.3 为典型的粉末成形压机和模压制品。

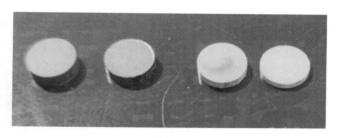

图 1.4.2　粉末成形压机　　　　　　　　　图 1.4.3　粉末干压生坯圆片

2. 流延成形

流延成形法指将粉料与有机塑化剂溶液按适当配比混合制成具有一定黏度的浆料,使用刮刀将其以一定厚度刮压涂敷在专用基带上,经干燥、固化后从基带上剥下形成生坯带的薄膜工艺技术。流延成形所用设备为图 1.4.4 所示的流延成形平台,典型流延成形产品如图 1.4.5 所示。

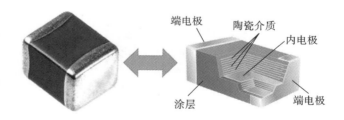

图 1.4.4　流延成形平台　　　　　　　　　图 1.4.5　典型流延成形产品

3. 注射成形

粉末注射成形技术是将塑料注射成形技术引入粉末成形领域而形成的一种新型近净成形技术,其成形原理是将粉末喂料通过注射机注射成形获得粉末生坯,再通过排胶、烧结而制得复杂形状的零件。粉末注射成形分为陶瓷粉末注射成形和金属粉末注射成形,粉末注射成形机如图 1.4.6 所示,典型粉末注射成形产品如图 1.4.7 所示。

图 1.4.6 粉末注射成形机

图 1.4.7 典型粉末注射成形产品

4. 烧结

由模压、注射成形等成形方法所得到的坯块,其相应的力学性能和物理性能不能满足使用要求,必须经过脱脂和烧结工序。脱脂工序用来排除坯块内的黏结剂。烧结使坯块内的粉末进一步结合,以提高强度和性能。脱脂和烧结用到的实验设备有排胶炉、高温烧结炉、真空烧结炉,如图 1.4.8 和图 1.4.9 所示。

图 1.4.8 排胶炉

图 1.4.9 烧结炉

1.4.3　训练要点及操作步骤

1. 粉末干压

粉末干压操作步骤如下：

（1）用酒精擦拭模具，并按照图 1.4.10 所示将模具下模冲和内部金属块与模具组装好；

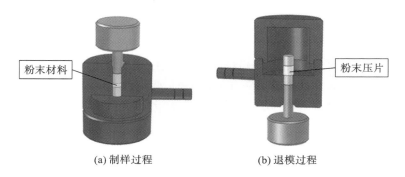

（a）制样过程　　　　　　（b）退模过程

图 1.4.10　粉末干压成形制样过程和退模过程

（2）用小勺取适量粉末放入模腔中；

（3）将模具内腔残留的粉末擦拭干净，适当晃动，使模腔内粉末振实且平整；

（4）将内部金属块和上模冲安装进模腔，利用手部力量稍微压紧；

（5）将模具放置于压力机中心位置，加压到样品所需压力，并保压适当时间，压力值严格控制在 10 MPa 以内，注意压力值过大会造成模具损坏；

（6）将压力机压力释放，将退模环与模具按图 1.4.10 所示退模过程进行组装；

（7）将模具放置于压力机中心位置继续加压使样品退出模腔；

（8）用酒精清洗模具，用无尘布擦拭模具表面，待酒精挥发后，将模具放回指定位置。

2. 流延成形

流延成形操作步骤如下：

（1）打开通风橱开关，插上电源，打开流延机背后开关，按下"启动"键，待触控屏启动后，按下"初始化"键，设备开始初始化并复位；

（2）复位完成后，将流延载带放置在流延机基板中间位置，长度需大于工作量程，然后将少量酒精喷洒于流延载带与基板之间以保持流延载带与基板间的附着力；

（3）将流延刮刀盒（建议选择 0.2 mm）放入流延机刀架中间的空腔内，在触摸屏上调整"电机速度"至 20～25 mm/s，回返参数设定为"1"，按"手动清零"键确定回返监控参数为"0"；

（4）将适量流延浆料倒入流延刮刀盒内，按下"开始"按键，流延机刀架开始运行；

（5）运行结束后，将流延刮刀盒取出，合上流延机顶盖，按下"加热"按键，关上通风橱；

（6）加热 20 min 后，打开通风橱，揭开流延机顶盖，取下流延膜，将流延膜用刀模裁剪成所需的形状，如图 1.4.11 所示；

（7）关闭"加热"按键，按下"启动"键使流延机断电，按下背后开关，拔掉插头，待流延机冷却后，用酒精仔细清洁流延机基板以及流延刮刀盒；

（8）完成后将所有工具放回指定位置，关闭通风橱。

图 1.4.11　流延成形生坯制品

3. 注射成形

注射成形分为陶瓷粉末注射成形和金属粉末注射成形,注塑机的操作步骤如下:

(1) 开机前仔细检查注塑机的电源和控制系统、冷却系统,若正常,按下启动按钮;

(2) 检查模具安装情况,检查模具开模、合模、顶出等参数,试运行直至模具正常开模和关模;

(3) 设定料筒各段温度,预热注塑机;

(4) 当物料温度、模具温度达到预定参数时,进行清料、试射,观察物料流动情况;

(5) 设定进料、注射速度和保压转换点等参数,进料时仔细检查筒内是否有杂质;

(6) 操作过程中随时注意温度、压力变化,发现异常时应停机,故障排除后再使用;

(7) 注射完成后擦拭、润滑模具,确保模具内外清洁,润滑正常;

(8) 工作结束后,清理工作现场,切断电源和机器开关。

4. 烧结

粉末制品的烧结质量取决于烧结温度、烧结时间和烧结气氛等。为了控制周围环境对烧结制品的影响并调整烧结制品成分,烧结气氛十分关键。图 1.4.12 所示的不锈钢校徽成品,就是在真空烧结炉中烧结而成的,图 1.4.13 所示的陶瓷粉末注射制品是在普通高温烧结炉中烧结而成的。

图 1.4.12　金属粉末注射产品生坯和成品

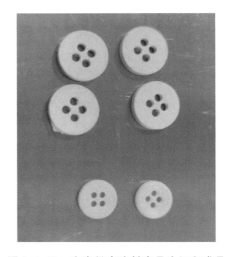

图 1.4.13　陶瓷粉末注射产品生坯和成品

排胶炉、高温烧结炉、真空烧结炉的操作步骤如下:

(1) 开机前仔细检查排胶炉和烧结炉的电源与控制系统,若正常,按下启动按钮;

（2）将需要排胶和烧结的实验样品放在承烧板上，置入炉内，并关好炉门；

（3）对于真空烧结炉，需抽真空到设定的真空压力范围内；

（4）设定加热温度曲线，开始加热；

（5）操作过程中随时注意温度、压力变化，发现异常时应停机，故障排除后再使用；

（6）加热完成，待实验样品温度降到合适温度后，取出样品，检查实验样品排胶和烧结完成情况；

（7）工作结束后，清理工作现场，切断电源和机器开关。

1.4.4 训练考核评价标准

粉末成形训练内容及考核评价标准如表 1.4.1 所示。

表 1.4.1 粉末成形训练内容及考核评价标准

序号	项目与技术要求	考核标准	满分值/分
1	设备认知和操作	基础得分，参与完成即给分	40
2	金属粉末干压生坯	生坯是否成形，生坯表面是否光滑，视现场情况酌情给分	10
3	陶瓷粉末干压生坯	生坯是否成形，生坯表面是否光滑，视现场情况酌情给分	10
4	陶瓷流延膜	流延膜是否完整，是否有一定的韧性和强度，利用刀模压制陶瓷流延膜产品是否成功，视现场情况酌情给分	20
5	安全实践	熟悉并掌握基本设备、工具和仪器的安全操作规程并正确使用	10
6	文明实践与"5S"执行	具备优秀工程素养，明确职业道德，遵守实训纪律，注意环境卫生，乐于助人，无迟到早退行为	10

思考题

1. 与传统铸造、锻造、高分子材料成形相比，粉末材料成形的优点和缺点是什么？
2. 简述粉末材料成形的主要工艺流程。
3. 简述粉末干压成形的操作步骤。
4. 简述流延成形的操作步骤。
5. 简述粉末注射成形的应用。

1.5 高分子材料成形训练

高分子材料是由相对分子质量较大的化合物构成的材料，包括塑料、橡胶、纤维、涂料等。其中塑料由于质轻、产量大、成本低和成形精度高等特点，被广泛应用于包装工业、医疗卫生、汽车和日常生活等领域。常见的塑料成形工艺有模塑成形、层压和压延成形等，其中模塑成形是一种重要方法，其特点是利用模具来成形具备一定形状和尺寸的零件。模塑成形主

扫码学习
数字资源

要包括注塑成形、挤出成形、吹塑成形、模压成形等工艺,在机械制造、轻工、包装、电子、建筑、汽车等领域有广泛的应用。本训练项目以智能高分子成形产线为依托,重点介绍注塑成形工艺和 IMD(in mold decoration,模内装饰)工艺。

1.5.1　训练目标、内容及要求

1. 训练目标

(1) 了解常用塑料制品的成形方法及工艺特点;

(2) 熟悉 IMD 技术和注塑成形的工艺特点与应用;

(3) 了解基于 IMD 技术的塑料制品自动化生产全流程及控制技术;

(4) 了解注塑模具的组成及结构;

(5) 了解注塑 CAE 的使用及应用。

2. 训练内容

(1) 智能高分子成形产线认知训练:通过塑料支架的自动化生产,包含机器人自动上下料、数控模压、注塑成形、视觉检测、激光打标等工序,了解学习自动化的 IMD 成形生产系统、工业互联网及机器人等技术在现代塑料件生产行业中的应用。

(2) IMD 工艺的塑料成形原理认知训练:近距离观察装饰膜片成形、膜片在注塑模具内的放置和注塑成形,完整地理解 IMD 工艺全过程。

(3) 注塑机操作训练:操作注塑机,合理调节参数,加工出合格零件。

(4) 注塑模具拆装训练:通过模具实物的拆装,正确认知模具的组成和结构。

(5) 模具三维虚拟装配与运动仿真训练:对模具三维模型装配和模具开合等动作进行仿真,理解模具结构。

(6) HsCAE 软件注塑仿真训练(选做):分组采用不同的工艺参数,使用 HsCAE 注塑仿真软件对典型的法兰零件进行注塑过程的数值模拟,对比推荐合理的注塑工艺参数。

3. 训练安全注意事项

(1) 注塑机操作:严禁在安全门打开时操作注塑机,严禁触摸料筒等高温区域。驱动模具开合前,应确保模具上无异物残留。

(2) 模具拆装:严禁在操作台边缘部位拆装零部件,避免零部件掉落造成砸伤事故。多人协作拆装时,操作者应仔细观察,避免砸伤、划伤他人。

1.5.2　训练设备

训练用核心设备是一条基于工业互联网建设的智能高分子成形产线,包含上料工位、模压成形工位、注塑成形工位、视觉检测工位、工艺参数监控系统、智能工艺系统、激光打标工位和成品输送工位。制品在各工位之间的转运通过带定制夹具的六轴工业机器人实现,产线如图 1.5.1 所示。

产线采用 IMD 工艺,生产的手机支架产品如图 1.5.2 所示。其中膜片预先印刷和裁剪到位,然后借助模压成形机完成膜片预成形,最后镶嵌到注塑模内借助注塑机完成 IMD 塑料制品的成形。产线的运行流程如图 1.5.3 所示。首先机器人通过吸盘吸取上料工位上预制好的膜片,转运至模压成形工位,膜片置入成形模后,模压成形机加热系统对膜片进行红外加热,加热完成后模具下压成形;成形后的膜片由机器人取出并定位贴附至注塑模定模,随后注塑机完成注塑成形;注塑模具开模后,机器人吸取 IMD 制品,将制品转运至视觉检测

图 1.5.1 智能高分子成形产线

图 1.5.2 IMD 手机支架产品

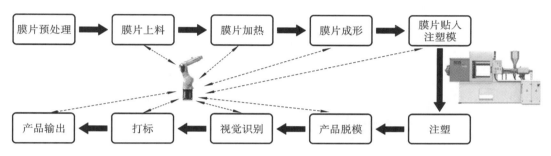

图 1.5.3 智能高分子成形产线运行流程

工位进行外观质量检测;检测合格后的制品转运至激光打标工位进行打标,最后经成品传送带输出。产线按照此流程自动完成塑料件的批量生产。

产线的中控系统基于 PLC 技术实现各工艺环节的衔接,与机器人之间采用 Profinet 网络通信,与上位机 MES 监控系统对接端口。机器人每执行一次制品转运动作后,中控系统会向下一工位发出执行加工命令,加工完成后再由机器人转运制品,直至输出成品。产线上的设备既可串联运行,也可独立使用。

1.5.3 训练要点及操作步骤

1. 注塑机操作

注塑机是注塑成形工艺的核心装备,其主要功能是在注塑工艺的一个循环中,在规定的时间内将定量的塑料加热到熔融状态后,将塑料注入模具型腔中。注射结束后,对注射到模具型腔中的熔料保持定型。典型的注塑成形工艺包含塑化、填充、保压和冷却四个阶段,可通过注塑机操作面板设置工艺参数并运行注塑工艺,参数是否合理对成形质量有很大影响。工艺参数设置步骤如下:

(1) 设置料筒、喷嘴及模具温度;

(2) 设置模具参数,如模厚、顶针长度、产品质量等;

(3) 设置合模和锁模的速度与压力值;

(4) 设置注射压力、螺杆速度和螺杆位置,可根据后续调试产品质量进行调整;

(5) 设置保压、冷却和补料的参数;

(6) 设置开模、顶针动作参数。

图 1.5.4 所示为工艺参数设置界面和注塑机操作面板。

完成参数设置后,启动注塑加工工艺,步骤如下:

(1) 清洁喷嘴处溢出的物料;

(2) 将注塑机切换到调模状态,逐步移动喷嘴直至喷嘴与模具浇口对齐;

(3) 将动模开至最大,确保顶针回退;

(4) 将注塑机切换至自动运行程序模式,启动单次循环,实现一次注塑加工。

反复调节参数,要求能加工出外形完整、尺寸和表面质量合格的零件,如图 1.5.5 所示。

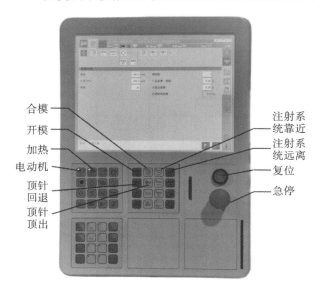

图 1.5.4　工艺参数设置界面和操作面板　　　　图 1.5.5　合格制品图示

2. 注塑模具实物拆装

注塑模具是塑料制品成形过程中的重要装备,其质量直接决定了制品成形质量。通过拆装注塑模具实物,可以快速了解模具结构和各零部件功能。拆装步骤如下:

(1) 拆解模具前先检验模具开合是否顺畅,顶针活动是否正常;

(2) 将动、定模分开后分别拆解零件,拆解过程中可以使用铜锤轻敲卡紧的零件;

(3) 拆解后的零件应按照其功能分类摆放,如图 1.5.6 所示;

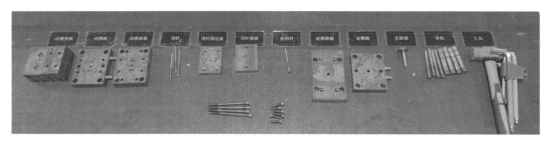

图 1.5.6　拆解后零件分类放置

(4) 装配模具时应遵循先装内部零件后装外部零件、先装配定位零件后装配紧固零件的原则,逐步完成。

模具装配完成后,动、定模应能顺畅开合,动、定模分离后顶针应能顺畅顶出和回退。

3. 注塑模具三维虚拟装配及运动仿真

在拆装模具的基础上,通过三维 CAD 软件完成模具的虚拟装配及运动仿真训练,进一步巩固对注塑模具结构方面的认知。其步骤如下:

(1) 将三维模型中的零件正确装配到动模、定模、顶针等装配体中;

(2) 正确模拟开模、顶针顶出、合模和顶针回退动作;

(3) 输出模具动作动画。

要求在三维软件中实现正确的组件装配和动作模拟。典型的模具动作如图 1.5.7 所示。

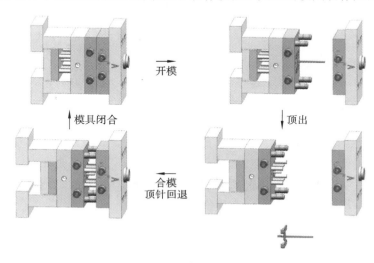

开模

模具闭合

顶出

合模
顶针回退

图 1.5.7　模具三维模型开合动作示意图

4. 注塑成形数值模拟软件操作

使用华中科技大学开发的华塑注塑成形仿真系统(HsCAE),分组完成法兰零件一模四腔注塑成形工艺设计及 CAE 仿真分析训练,系统了解塑料成形数值模拟的全过程,仿真分析步骤如图 1.5.8 所示。

前置处理	数值分析	后置处理
新建零件 添加分析方案 导入CAD模型 充模设计 冷却设计 翘曲设计	流动分析 保压分析 冷却分析 应力分析 翘曲分析	结果显示 分析报告

图 1.5.8　仿真分析步骤

要求能够对法兰零件三维模型进行前置处理,如脱模方向、多型腔布置、进料口、流道、工艺参数、冷却参数等的设计及设定;能够使用软件的后置处理功能,生成有关流动前沿、熔合纹、气穴、温度场、翘曲变形等的分析报告,在此基础上提出合理的工艺方案。

1.5.4　训练考核评价标准

高分子材料成形训练内容及考核评价标准如表 1.5.1 所示。

表 1.5.1　高分子材料成形训练内容及考核评价标准

序号	训练内容	考核标准	满分值/分
1	产线认知、注塑机操作、选做 CAE	基础得分,参与完成即给分	40
2	注塑模具实物拆装	零件分类正确,装配后模具开合及顶针活动顺畅	20
3	注塑模具三维模型运动仿真	组件装配正确,三维模型动作设置正确	20
4	安全实践	熟悉并掌握基本设备、工具和仪器的安全操作规程并正确使用	10
5	文明实践与"5S"执行	具备优秀工程素养,明确职业道德,遵守实训纪律,注意环境卫生,乐于助人,无迟到早退行为	10

思考题

1. 什么样的产品适合采用注塑成形工艺生产?
2. 哪些因素对注塑成形零件的品质有重要影响?试说明注射压力对塑件品质的影响。
3. 挤出成形工艺适用于成形哪一类塑件?
4. 热塑性塑料可否采用模压成形工艺成形?

1.6　增材制造训练

增材制造俗称 3D 打印,融合了计算机辅助设计、材料加工与成形技术,其以数字模型文件为基础,通过软件与数控系统将专用的金属材料、非金属材料以及医用生物材料,按照挤压、烧结、熔融、光固化、喷射等分层加工、叠加成形的方式"逐层增加材料"来制造三维实体。绝大多数传统机械加工技术均对毛坯进行加工,去除多余的部分而得到最终的零件,也就是常说的减材制造。与之相反,增材制造技术采用的是从无到有、"自下而上"堆积材料、逐层堆积得到最终的三维立体工件的方式。

扫码学习
数字资源

1.6.1　训练目标、内容及要求

1. 训练目标

(1) 了解增材制造的原理、特点、应用及流程;

(2) 掌握 3D 打印机的软硬件基本操作方法和步骤;

(3) 熟悉简单零件的三维建模及三维扫描仪的基本操作方法;

(4) 具备独立完成简单零件的三维设计、零件三维扫描及 3D 打印制作的能力。

2. 训练内容

(1) 学习增材制造原理、特点、应用、流程等基本理论知识,初步了解增材制造。

(2) 学习 3D 打印分层软件以及 3D 打印机操作方法,选取模型打印制作,熟悉软件及 3D 打印操作过程的要点。

(3) 使用 3D 建模软件进行创意设计并打印制作成形,设计主题可以从实用性作品主题

"专属手机支架""专属笔筒"中选择,设计个性化手机支架或笔筒,也可从文创性作品主题
"我眼中的华中大"中选择,设计具有华中科技大学元素的创意作品,如醉晚亭、青年园建筑
等,如图 1.6.1 所示。

(a) 手机支架   (b) 笔筒   (c) 文创作品

图 1.6.1 正向设计主题作品

设计要求:每人任选其中一个主题创意设计一个作品,并在模型上设计个性化文字,使
作品独一无二,也便于学生后期取回作品。针对实用性作品,要求作品制作完成后具有创意
性、实用性,同时不失经济性;针对文创性作品,注重创意性及美观性,同时不失经济性。

（4）利用实物素材获取三维模型并打印制作成形,一般可从以下三种素材中选择:实训
室现有模型、自带模型以及人像扫描,如图 1.6.2 所示。要求 3 人一组完成任一指定素材实
物扫描并制作成形。

(a) 现有模型   (b) 自带模型   (c) 人像

图 1.6.2 逆向设计扫描素材

3. 训练安全注意事项

（1）开机前清除设备周边影响设备运作的杂物,保证打印材料充足,打印平台需在打印
前清理干净;

（2）开始打印后,打印机喷嘴温度会上升至预设温度 220 ℃左右,切记勿触摸喷嘴;

（3）加工完毕后用铲刀取下作品,取作品时勿将铲刀刀刃朝向自己或他人,避免造成人
身伤害。

1.6.2 训练设备

实训中采用熔融沉积制造(FDM)工艺制造塑料制品,所用设备为浙江闪铸三维科技有
限公司生产的桌面级 3D 打印机(Finder),如图 1.6.3 所示。该设备支持采用三种方式
(USB、U 盘、Wi-Fi)将代码传输至打印机。实训中采用的是 U 盘传输方式,将分层软件所
得的代码文件拷贝至 U 盘,再通过 U 盘将文件传输至打印机。

设备打印操作:打印机开机,将 U 盘插入打印机 U 盘端口,操作触摸屏选择"打印"功能

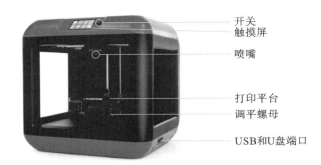

图 1.6.3 　3D 打印机(Finder)

中的 U 盘文件,选择准备好的代码文件,点击打印即可将代码文件传输至打印机,传输完毕后等待喷嘴预热至软件所设定的预定温度(如软件默认为 220 ℃),之后打印机就会开始打印堆积。打印机喷嘴直径为 0.4 mm,打印机成形尺寸不大于 140 mm×140 mm×140 mm,实训中所使用的材料为 1.75 mm 直径的 PLA 塑料卷材。

1.6.3　训练要点及操作步骤

1. 3D 打印三维模型的构建

3D 打印常用的三维模型文件格式是 STL,可通过自行设计或从网上下载获取文件。其中面向 3D 打印的三维模型设计有正向设计和逆向设计之分。

1) 三维模型正向设计

三维模型正向设计是指借助三维 CAD 软件完成产品的三维建模。目前三维建模软件众多,建模方法也略有差异,图 1.6.4 展示了手机支架的实体参数化建模过程。三维模型设计完成后,可通过软件中的"导出"或者"另存为"功能输出 STL 格式的文件,以便进行后续的 3D 打印分层操作。

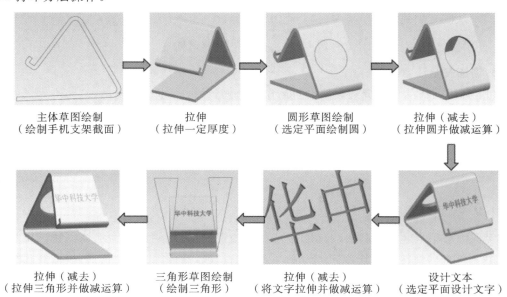

主体草图绘制 　　　拉伸 　　　　圆形草图绘制 　　　　拉伸(减去)
(绘制手机支架截面)　(拉伸一定厚度)　(选定平面绘制圆)　(拉伸圆并做减运算)

拉伸(减去) 　　　三角形草图绘制 　　　拉伸(减去)　　　　设计文本
(拉伸三角形并做减运算)　(绘制三角形)　(将文字拉伸并做减运算)　(选定平面设计文字)

图 1.6.4 　手机支架设计过程

　　2）三维模型逆向设计

　　逆向设计是一种基于逆向推理的设计,即通过对现有样品进行产品开发,运用适当的手段进行仿制,或按预想的效果进行改进,并最终获得超越现有产品或系统的产品的设计过程。逆向设计的基础是三维实体模型数据的获取,常用的核心设备是三维扫描仪,下面以 EinScan-Pro 扫描仪为例进行讲解,设备软件操作界面如图 1.6.5 所示。

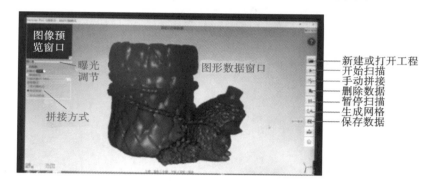

图 1.6.5　扫描软件操作界面(固定式扫描模式)

　　扫描过程:新建工程(参数选择默认参数即可),进入扫描界面;选择拼接方式,调节曝光度(在图像预览窗口能清晰看到物体即可),点击设备上"开始扫描"按钮或点击软件中开始扫描功能(对于固定式扫描模式,开始扫描前需要设置扫描次数,即转台转一圈需要获取多少次数据,一般 6～10 次为宜),若遮挡部分数据无法获取,则可变换物体摆放方向重复扫描一次,软件会自动拼接数据,若自动拼接效果不理想,则可使用"手动拼接"功能对数据进行手动拼接。对于错误或杂乱的数据,可以进行数据选择与删除,数据获取完成后通过"生成网格"进行数据封装,最终保存所需要的 STL 或其他格式文件。

　　扫描过程中的工艺要点如下。

　　(1)扫描模式的选择。扫描仪有三种扫描模式:手持快速扫描、手持精细扫描及固定式扫描。使用时应根据不同零件的特点选择合适的扫描模式。比如针对大型工件,为了缩短扫描时间,可选择手持快速扫描模式,而对于小型工件,为了使扫描数据更精确,通常可选择固定式扫描模式。

　　(2)拼接方式的选择。扫描仪有三种拼接方式:特征拼接、编码点拼接及标志点拼接。对于特征明显的工件,常用特征拼接方式;对于无明显特征的工件,常用标志点拼接方式;如果采用固定式扫描模式,则可以用转台编码点拼接方式。

　　(3)手持扫描模式中扫描仪与工件的距离应根据色标提示保证在合适范围内;对于固定式扫描模式,应调整"十"字线使之在转盘中央并保证扫描仪与转台之间的角度和距离在合适范围内。

　　(4)曝光度以能清晰看到工件为准,防止光线太暗或太亮。

　　(5)扫描过程中,被扫描工件只能整体运动,不能发生内部运动。因此扫描人物时,被扫描对象要尽可能保证不动;扫描获取的数据要尽可能完整,数据的完整性以及点云数量的多少将直接影响模型的精确度。

　　(6)模型数据输出格式有多种,如 STL、ASC 等,STL 文件可直接用于 3D 打印,ASC 点云文件可通过点云数据处理软件(如 Geomagic)进行更精确的数据处理。

2. 3D 打印分层

在选定了制作（堆积）方向后，通过专用的分层软件对 STL 模型进行离散，即沿制作方向进行分层切片处理，获取每一薄层片截面轮廓及实体信息。转换 STL 文件时，转换的精度直接影响零件的表面质量，分层的厚度就是成形时堆积的单层厚度，切片层的厚度也将直接影响零件的阶梯效应，进而影响整个零件的表面质量。设定合适的 3D 打印分层软件工艺参数，软件会自动生成后续堆积所用的数控代码。

下面以 Flashprint 软件操作为例，介绍 3D 打印离散分层过程。Flashprint 软件是与实训中所用打印机相配套的专用分层软件，在操作使用过程中总共有四个步骤，分别为：①模型载入；②模型位置方向尺寸等的调整；③支撑设计；④工艺参数设置及代码生成。Flashprint 操作界面如图 1.6.6 所示。

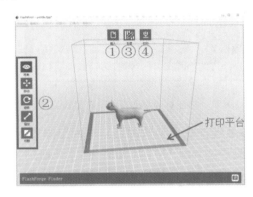

图 1.6.6　Flashprint 操作界面

1）模型载入

载入预先准备的模型库中的 STL 模型或自行设计或扫描获得的 STL 模型。

2）模型位置方向尺寸等的调整

模型载入后，可以通过"移动""旋转""缩放"工具对模型位置方向和尺寸进行调整。

（1）通过"移动"工具调整模型打印位置，通过"放到底板上"工具将模型放置到打印平台上打印，通过"居中"工具将模型放置在平台中心位置，可通过鼠标右键旋转视图查看模型与打印平台接触情况（蓝色面为接触面）。

（2）通过"旋转"工具调整模型摆放方向，在设置摆放方向时，一般综合考虑两个原则：模型与打印平台接触面尽可能大，使得模型与打印平台粘得更牢固；支撑设计尽可能少，以降低后处理难度以及支撑剥离后对模型表面光滑度的影响。通过"旋转"工具中的"按面放平"功能可快速选择需要与打印平台接触的底面。

（3）通过"缩放"工具调整模型尺寸，模型尺寸很大程度上决定了模型打印时间。勾选"保持比例"功能，模型将等比例缩放，不勾选则单方向进行缩放，可根据需要自行选择。

（4）利用软件中的"切割"功能可对模型进行切割、分块打印或者删掉不需要打印的部分。

3）支撑设计

设计支撑是为了防止某些突出部分因自身重量而倾倒，或将其作为打印中途开始成形部分的底座。一般应根据模型特征选择是否需要添加支撑，图 1.6.7 所示为需要添加支撑的两种情况：一是模型有倾斜结构，且与竖直方向夹角大于 $45°$；二是模型有悬空结构。在进行支撑设计时要注意，支撑的设计与模型摆放有直接的关系，并决定了模型质量和耗材的多少，在满足功能的前提下，支撑越少越好。

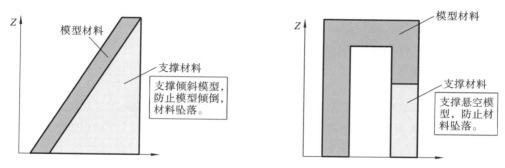

图 1.6.7　支撑设计原则

　　对于需要设计支撑的模型,可点击"支撑"进入支撑编辑界面,选择自动支撑、手动支撑或两者相结合的方式来完成支撑设计。对初学者而言,一般选择自动支撑即可。支撑的类型有树状和线形两种(见图 1.6.8),可以通过"支撑选项"功能自由选择,参数可默认也可微调。针对大平面,一般建议添加线形支撑。

(a) 树状支撑

(b) 线形支撑

图 1.6.8　树状和线形支撑示例

4）工艺参数设置及代码生成

在软件主界面中选择"打印"工具进入参数设置界面,如图 1.6.9 所示。

图 1.6.9　打印工艺参数设置

　　(1)"机器类型"选择:注意需要根据所使用机器选择对应的机器类型,实训中所用机器类型为"Finder"。

　　(2)"材料类型"选择:实训中所使用的材料为 PLA。

　　(3)"支撑":软件一般默认开启,保持开启状态即可。

（4）"底板"：底板的"开启"或"关闭"需要根据模型而定，一般当模型与平台接触面小或者当模型添加了支撑时，建议为模型添加底板，使模型与打印平台粘得更牢固。

（5）方案选择：有四种方案（低质量、标准、高质量、超精细）可供选择。相对来说成形质量越高，相应的打印时间也会越长。方案可根据模型打印时间、质量需求自行选择，一般默认为标准模式。

（6）其他参数：参数可随方案不同而有所变化。打印模型时在选定方案后用默认参数即可，也可以在默认参数基础上进行微调（如打印速度可以再微调 $10\sim20$ mm/s）。填充率可以在 $0\sim100\%$ 之间自行选择，0 代表工件为空心状态，100% 为实心状态，$0\sim100\%$ 之间相应数值代表线形、六边形或三角形填充，实训中采用默认填充率即可。若对工件强度有所要求，可以将填充率适当增加至 $30\%\sim50\%$。喷嘴温度根据打印材料而定，实训中采用默认的 220 ℃即可。

参数设置完成后，点击"确定"，选择代码保存路径，将代码保存至常用位置以便于查找，选择完成后等待软件按所设置层高进行分层切片，切片完成后可获取 3D 打印代码文件，如图 1.6.10 所示。同时可通过右上方"提示"信息查看模型打印时间及打印材料估算。另外，采用抽壳、内部网状结构等可以缩短加工时间，节省材料。

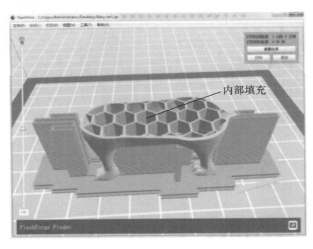

图 1.6.10　切片生成代码

3. 模型的成形加工

根据切片软件获取的数控代码，在计算机控制下，相应的成形头（激光头或喷头等）进行逐层加工，在工作台上一层层地堆积黏结材料，最终得到原型产品。

加工过程中请注意以下几点。

（1）模型的前几层打印至关重要，请务必关注，避免打印失败。

（2）模型打印过程中如果出现底板粘不牢或模型翘边等情况，导致作品打印失败或打印质量很差，主要原因可能是平台未调平。可以通过设备设置中的"调平"选项对打印平台进行粗调，然后通过调平文件进行平台微调，调平效果好坏判断标准参考图 1.6.11 所示的调平效果示意图。

（3）打印过程应注意监管，发现问题（如材料不够、丝盘缠丝、模型翘边、模型空打等）及时解决。

图 1.6.11　调平效果判断示意图

1.6.4　训练考核评价标准

增材制造训练内容及考核评价标准如表 1.6.1 所示。

表 1.6.1　增材制造训练内容及考核评价标准

序号	训练内容		考核标准	满分值/分
1	基本操作完成情况	完成作品正向设计并打印制作成形	视完成情况酌情给分	25
		完成作品逆向设计并打印制作成形	视完成情况酌情给分	15
2	任务完成质量	作品设计创意性	根据作品设计创意,视情况扣 2～5 分	10
		作品设计经济性	若经济性差,有明显的材料浪费情况,视情况扣 1～3 分	5
		作品设计实用性或美观性	针对实用性作品,若实用性差,扣 2 分;针对文创性作品,若美观性差,扣 2 分	5
		逆向扫描作品难度及扫描质量	根据逆向扫描作品难度及扫描质量,视情况扣 1～3 分	10
		作品表面加工质量	根据作品表面加工质量,视情况扣 2～5 分	10
3	安全实践,规范操作,遵守安全操作规程		视现场情况酌情给分	10
4	文明实践,按"5S"执行规范做好工位清洁		视现场情况酌情给分	10

思考题

1.增材制造技术除了训练中用到的熔融沉积制造工艺,你还知道哪些其他的工艺方法?

2.在模型支撑设计过程中,哪些情况下必须添加支撑?

3.在 3D 打印整个流程中,可以从哪些方面提升产品打印质量?

第 2 章　基础机械加工技术

2.1　钳工与装配训练

钳工是以手工操作为主,使用各种工具来完成零件的加工、装配和修理等工作的技术。虽然钳工劳动强度大,生产效率低,操作者本身的技能水平直接影响工作质量,但钳工灵活性强、适应面广,可以完成机械加工不便加工或难以完成的工作。因此,在机械制造和装配工作中,钳工仍是不可缺少的重要工种。钳工的基本操作包括:划线、锯削、锉削、刮削、研磨、钻孔、扩孔、铰孔、锪孔、攻螺纹、套螺纹、弯曲和矫正、装配和修理等。

2.1.1　训练目标、内容及要求

1. 训练目标

(1) 了解钳工在机械制造及维修中的作用;

(2) 掌握划线、锯削、锉削、孔加工、攻螺纹、套螺纹、手工折弯的工具使用和操作方法;

(3) 了解机械装配的概念、装配过程和典型零件的装配方法。

(4) 掌握简单的螺纹连接的装配操作。

2. 训练内容

(1) 学习钳工实训的安全注意事项;

(2) 学习划线、锯削、锉削、孔加工、攻螺纹、手工折弯的工具使用和操作方法;

(3) 按要求完成汽车模型的零件制作和装配,图纸如图 2.1.1 至图 2.1.6 所示。

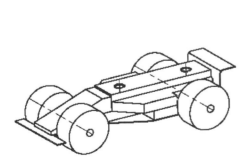

图 2.1.1　汽车模型

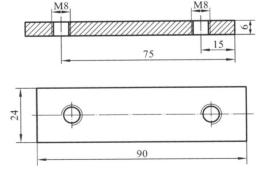

图 2.1.2　上盖零件图

3. 训练安全注意事项

(1) 工件装夹要牢固,工件即将被锯断时要防止用力过猛将手撞到工作台或者台虎钳上。

(2) 清理锉、锯、钻等工作产生的切屑时要用刷子,不得用嘴吹,也不得用手去清理。

(3) 使用钻床时,要严格遵守安全操作规程,严禁戴手套操作,不准多人操作。操作结束后应及时关闭开关。

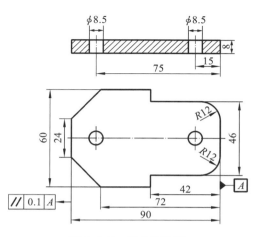
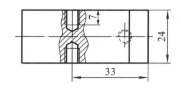
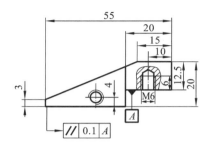

图 2.1.3 　车身零件图　　　　　　　　　　图 2.1.4 　车头零件图

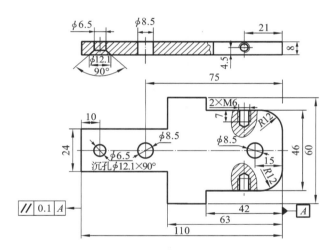

图 2.1.5 　底盘零件图

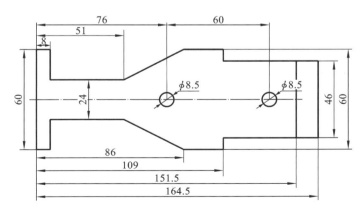

图 2.1.6 　大底盘零件图

2.1.2　训练设备

1. 钳工工作台

钳工工作台是用来安装台虎钳、放置工具和工件并进行钳工主要操作的设备,其高度一般为 850~900 mm。台虎钳安装到工作台台面后,一般钳口的高度与操作者的手肘平齐为宜,使得操作方便省力。

2. 台虎钳

台虎钳是用来夹持工件的通用工具,如图 2.1.7 所示。台虎钳的正确使用和维护应该注意以下几点:

(1) 夹紧工件时松紧要合适,只能依靠双手拧紧手柄,而不能借助锤子敲击手柄或加套管扳动手柄;

(2) 为使钳口受力均匀,工件应该夹在钳口的中部,且伸出钳口的高度控制在 10 mm 以内;

(3) 夹持工件的光洁表面时,应垫铜皮加以保护。

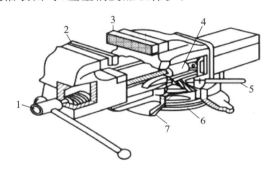

图 2.1.7　回转式台虎钳结构

1—丝杠;2—活动钳口;3—固定钳口;4—螺母;5—夹紧手柄;6—夹紧盘;7—转盘座

3. 钻床

钻床是钳工常用的孔加工设备,按结构的不同,可分为台式钻床、立式钻床和摇臂钻床三种。

本训练使用的是台式钻床。台式钻床是一种用于加工孔的小型钻削机床,一般安装在钳台上,它以钻头等为刀具。工作时,工件固定不动,刀具旋转运动为主运动,同时拨动手柄使主轴上下移动,实现进给运动和退刀运动,如图 2.1.8 所示。台式钻床转速高,使用灵活,效率高,适用于较小工件的钻孔。

2.1.3　训练要点及操作步骤

1. 划线

根据图样或实物的尺寸,在毛坯或已加工表面上,利用划线工具划出加工轮廓线(或加工界限)或作为基准的点、线的操作叫划线。对划线的要求是尺寸准确,线条清晰均匀,定形、定位尺寸要准确。常用的划线工具有划线平台、划针、划规、样冲和直角尺等。

划线时用来确定零件上其他点、线、面的位置的依据,称为划线基准。划线基准的类型有:以两个相互垂直的平面为基准;以两条中心线为基准;以一个平面和一条中心线为基准。

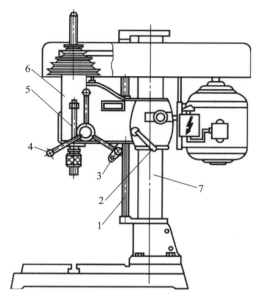

图 2.1.8　台式钻床结构图

1—丝杠;2—紧固手柄;3—升降手柄;4—进给手柄;5—标尺杆;6—头架;7—立柱

划线的步骤如下:

(1) 仔细阅读图纸,明确工件上所需划线的部位,研究清楚划线部位的作用、要求和有关加工工艺;

(2) 选择好划线基准;

(3) 检查毛坯外部轮廓误差情况,确定是否需要借料;

(4) 正确安放工件并找正;

(5) 划线,用划针划线时,一手压紧导向工具,防止其滑动,另一手使划针尖端紧贴导向工具的边缘,并使划针上部向外倾斜 15°~20°,同时向划线移动方向倾斜 45°~75°,如图 2.1.9所示;

(6) 详细检查划线的准确性及是否遗漏划线;

(7) 在线条上打样冲眼,打样冲眼时,将样冲外倾使尖端对准线的正中,锤击前再立直,以保证样冲眼的位置准确。样冲的使用如图 2.1.10 所示。

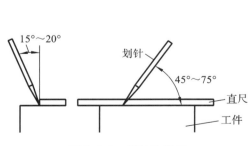

图 2.1.9　划针的使用

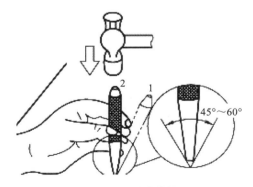

图 2.1.10　样冲的使用

2. 锯削

用手锯对工件进行切断和切槽的加工操作称为锯削。钳工用的锯削工具主要是手锯。手锯由锯弓和锯条组成。锯弓是用来夹持和拉紧锯条的工具,且便于双手操持。根据其构造,锯弓可分为固定式和可调式两种,可调式锯弓运用更为广泛。锯条是有齿刃的钢条片,是锯削的主要工具。锯条按锯齿的齿距大小,可分为粗齿、中齿、细齿 3 种。锯削的操作步骤如下。

(1) 锯条的安装:手锯只有向前推进时才有锯削作用,因此安装锯条时,应使锯条的锯齿方向向前。将锯条安装在锯弓上,通过调节蝶形螺母来调整锯条的松紧。

(2) 工件的装夹:工件一般夹持在台虎钳的左面,工件不应伸出钳口过长,锯缝线要与水平面保持垂直。

(3) 起锯方法:起锯的方式有两种,一种是从工件远离操作者的一边起锯,称为远起锯,如图 2.1.11(a)所示;另一种是从工件靠近操作者身体的一边起锯,称为近起锯,如图 2.1.11(b)所示。一般情况下采用远起锯较好,因为此时锯条逐步切入材料,不易被卡在。为使起锯的位置准确和平稳,起锯时可用左手大拇指挡住锯条来定位。

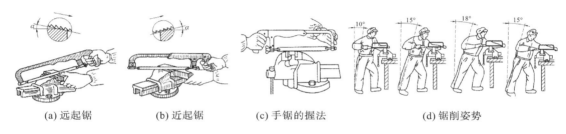

(a) 远起锯　　　　(b) 近起锯　　　　(c) 手锯的握法　　　　(d) 锯削姿势

图 2.1.11　起锯方法、手锯握法和锯削姿势

(4) 锯削姿势及锯削方法:手握锯时,要自然舒展,一般情况下,右手握手柄,左手轻扶锯弓前端,如图 2.1.11(c)所示。锯削时,右腿伸直,左腿弯曲,身体向前倾斜,重心落在左脚上,两脚站稳不动,靠左膝的屈伸使身体做往复摆动。起锯时,身体稍向前倾,与竖直方向成 10°左右,此时右肘尽量向后收。随着推锯行程的增大,身体逐渐向前倾斜,行程达 2/3 时,身体倾斜 18°左右,左、右臂均向前伸出。当锯削最后 1/3 行程时,用手腕推进锯弓,身体随着锯的反作用力退回到 15°位置。锯削行程结束后,取消压力将手和身体都退回到最初位置,如图 2.1.11(d)所示。

3. 锉削

用锉刀对工件表面进行切削,使其达到所要求的形状、尺寸和表面粗糙度的加工方法称为锉削。锉刀由锉身和锉柄两部分组成。锉齿是锉刀面上用以切削的齿型,锉削时每个锉齿相当于一个刀刃。锉削常用的锉刀有普通钳工锉刀、异形锉刀、什锦锉刀三类。通常应根据锉削余量的大小、锉削表面的形状及大小、精度要求、材料性质以及表面粗糙度来决定选用哪种类型的锉刀。锉削的操作步骤如下。

(1) 工件装夹　工件必须牢固地夹持在台虎钳的中间。

(2) 锉刀的握法　较大锉刀的握法:用右手紧握锉刀柄,柄端抵在拇指根部的手掌上,大拇指放在锉刀柄上部,其余手指握住锉刀柄。对于左手,将拇指压在锉刀头上,拇指自然伸直,其余四指弯向手心,用中指、无名指捏住锉刀前端。右手推动锉刀,左手协同右手使锉刀保持平衡。中型锉刀的握法:右手的握法与上述较大锉刀的握法一样,对于左手,只需用大拇指和食指轻轻扶持。较小锉刀的握法：右手的食指放在锉刀柄的侧面，为了避免锉刀弯曲，用左手的几个手指压在锉刀的中部。锉刀的握法如图 2.1.12 所示。

(a) 大锉刀的握法　　(b) 中锉刀的握法　　(c) 小型锉刀的握法　　　　　(d) 锉削姿势

图 2.1.12　锉刀的握法和锉削姿势

（3）锉削的动作和姿势：锉削操作姿势如图 2.1.12(d)所示，身体重心放在左脚，右膝要伸直，双脚始终站稳不动，靠左膝的屈伸使身体做往复运动。开始时，身体向前倾斜 10°左右，右肘尽可能向后收缩。在最初 1/3 行程时，身体逐渐前倾至 15°左右，左膝稍弯曲。在其次 1/3 行程中，右肘向前推进，同时身体也逐渐前倾到 18°左右。在最后 1/3 行程，用右手腕推进锉刀，身体随锉刀向前推的同时自然后退到 15°左右的位置，锉削行程结束后，把锉刀略提起一些，身体姿势恢复到起始位置。锉削时两手的用力要保证锉削表面平直，锉削时必须掌握好锉削力的平衡。

（4）锉削方法：本训练使用平面锉削和外圆弧面锉削两种方法。

平面锉削是最基本的锉削，常用的方法有三种，即顺向锉法、交叉锉法及推锉法，如图 2.1.13所示。锉削外圆弧面时，根据锉刀的运动有横向和顺向外圆弧锉削方法，如图2.1.14所示。

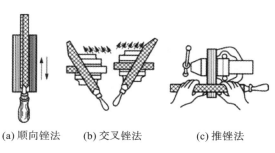

(a) 顺向锉法　　　　(b) 交叉锉法　　　　　(c) 推锉法

图 2.1.13　平面锉削方法

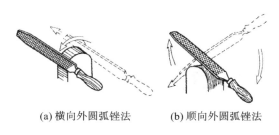

(a) 横向外圆弧锉法　　　　　(b) 顺向外圆弧锉法

图 2.1.14　外圆弧面锉削方法

4. 钻孔

钳工加工孔的方法一般有钻孔、扩孔和铰孔。本训练使用的方法是钻孔。

钻孔的主要设备是钻床。钻头是钻孔过程中应用的切削刃具。最常用的钻头是麻花钻。麻花钻由柄部、颈部和工作部分组成。切削部分在钻孔时起主要切削作用。导向部分指切削部分与颈部之间的部分,钻孔时起导向作用,同时也起着排屑和修光孔壁的作用。

钻孔方法如下。

(1) 钻孔划线:钻孔前,先按钻孔的位置尺寸要求划出孔位的中心线,并打样冲眼。钻孔时,还应划出几个大小不等的检查圆,以便钻孔时检查。

(2) 钻头的装夹:钻头通过钻夹头或者钻套来夹持。

(3) 工件的装夹:对于小件和薄壁零件,要用手虎钳夹持工件;对于中等零件,可用平口钳夹紧;大型和其他不适合用手虎钳夹紧的工件,可直接用压板、螺栓等固定在钻床工作台上;钻孔工件的装夹可参见图 2.1.15。

(4) 起钻:开始钻孔时,先使钻头对准孔的中心钻出一浅坑,观察定心是否准确,并不断校正,目的是使起钻浅坑与检查圆同心。

(5) 手动进给操作:当起钻达到钻孔的位置要求后,即可扳动手柄完成钻孔。

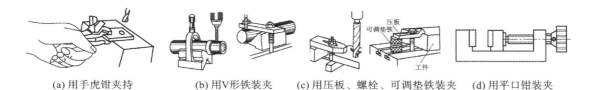

(a) 用手虎钳夹持   (b) 用V形铁装夹   (c) 用压板、螺栓、可调垫铁装夹   (d) 用平口钳装夹

图 2.1.15　钻孔工件的装夹

5. 攻螺纹

用丝锥在工件孔中加工出内螺纹的加工方法称为攻螺纹。丝锥是用来攻内螺纹的刀具。丝锥由工作部分和柄部组成,其中工作部分由切削部分与校准部分组成。切削部分常磨成圆形,以便使切削载荷分配在几个刀齿上,其作用是切去孔内螺纹牙间的金属。校准部分的作用是修光螺纹和引导丝锥。丝锥上有三四条容屑槽,便于容屑和排屑。柄部为方头,其作用是与铰杠相配合并传递扭矩。丝锥外形和结构如图 2.1.16 所示。手用丝锥一般由两支组成一套,分为头锥和二锥。两支丝锥的大径、中径和小径均相等,只是切削部分的长短和锥角不同。铰杠是手工攻螺纹时用来夹持丝锥的工具,分普通铰杠和丁字铰杠两类,各类铰杠又分为固定式和可调节式,如图 2.1.17 所示。

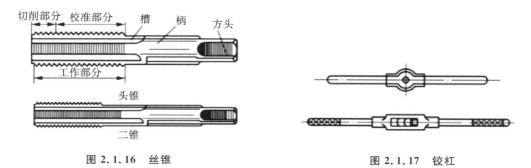

图 2.1.16　丝锥　　　　　　　　**图 2.1.17　铰杠**

1）螺纹底孔直径的确定

攻螺纹前先要钻出螺纹底孔，对普通螺纹来说，底孔直径可根据下列经验公式计算得出。

脆性材料：
$$D_0 = D - 1.1P$$

韧性材料：
$$D_0 = D - P$$

式中：D_0 为攻螺纹前底直径；D 为螺纹公称直径；P 为螺距。

攻不通孔螺纹时，底孔深度至少要等于螺纹长度和丝锥切削部分长度之和。

2）攻螺纹操作步骤

（1）螺纹底孔孔口要倒角。

（2）起攻时用手掌按住铰杠中部，沿丝锥轴线方向加压用力，另一只手配合做顺时针旋转运动，如图 2.1.18 所示。操作时一定要保证丝锥中心线与底孔中心线重合，不能歪斜。

（3）当丝锥切削部分全部进入工件时，不要再施加压力，只需丝锥自然旋进切削即可，两手要均匀用力，铰杠每转 1/2～1 圈，应倒转 1/4～1/2 圈断屑。攻不通孔螺纹时，要经常把丝锥退出，将切屑清除，以保证螺纹孔的有效长度。

6. 弯曲

将原来平直的板料或型材弯成所需形状的加工方法称为弯曲。工件的弯曲有冷弯和热弯两种。下面介绍板料弯直角的步骤。当工件形状简单、尺寸不大，且能在台虎钳上夹持时，可在台虎钳上弯制直角。弯曲前先在弯曲部位划好线，线与钳口对齐夹持工件，工件两边要与钳口垂直，再用木槌在靠近弯曲部位的全长上轻轻敲打即可，还可用硬木垫块在弯曲处进行敲打，如图 2.1.19 所示。

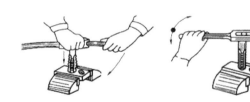 

　　图 2.1.18　起攻的方法　　　　　　　图 2.1.19　弯直角工件的方法

7. 装配

装配是按规定的技术要求，将零件或部件进行配合、连接，使之成为半成品或成品的工艺过程。机械产品的一般装配工艺包括：装前准备→装配→调整、精度检验、试车→喷漆、涂油、装箱四个过程。螺纹连接、键连接、销连接和过盈连接是常见的零部件连接方式。下面介绍螺纹连接的装配方法。

螺纹连接是一种可拆的固定连接，具有结构简单、连接可靠、装拆方便、成本低廉等优点，因而在机械制造中得到普遍应用。

（1）拧紧力矩的确定：为了达到连接紧固的目的，连接时必须施加拧紧力矩，使螺纹副产生预紧力，从而使螺纹副具有一定的摩擦力矩。对于一般的螺纹连接，可用普通扳手拧紧；对于有预紧力要求的，需要使用测力扳手拧紧。

（2）防松装置：螺纹的防松装置按其工作原理可分为利用附加摩擦力防松、机械法防松和铆冲防松 3 种。

（3）成组螺栓螺母装配要求：成组螺栓螺母一般用于发动机气缸盖、转轴、传动盘等主要部件的连接。应保证连接件受力均匀，相互贴合，连接牢固。在安装时应根据被连接件形状和螺栓的分布情况，按扭矩力紧固并按一定顺序逐次拧紧，拧紧的原则一般从中间向两边或对称扩展。

2.1.4　训练考核评价标准

钳工与装配训练内容及考核标准如表 2.1.1 所示。

表 2.1.1　钳工与装配训练内容及考核标准

序号	训练内容		考核标准	满分值/分
1	工具使用正确、操作规范		视现场情况酌情给分	40
2	安全实践		视现场情况酌情给分	10
3	文明实践与"5S"执行		视现场情况酌情给分	10
4	上盖	螺纹孔质量	超差给 60% 的分	2
5	车身	(42 ± 0.3)mm，(72 ± 0.3)mm，(15 ± 0.2)mm，(75 ± 0.3)mm	每项 1 分，超差不得分	4
6		平行度公差≤0.1 mm	超差不得分	1
7	底盘	$\phi8.5_0^{0.3}$，$\phi6.5_0^{0.3}$，	每项 1 分，超差不得分	2
8		(42 ± 0.3)mm，(63 ± 0.3)mm，(46 ± 0.3)mm	每项 1 分，超差不得分	3
9		平行度公差≤0.1 mm	超差不得分	1
10	大底盘	(46 ± 0.3)mm，(86 ± 0.3)mm，(109 ± 0.3)mm，(76 ± 0.3)mm，(60 ± 0.3)mm	每项 1 分，超差不得分	5
11	车头	(3 ± 0.1)mm，(12.5 ± 0.2)mm，(15 ± 0.2)mm，(20 ± 0.2)mm，(33 ± 0.3)mm	每项 1 分，超差不得分	5
12		螺纹孔质量	超差给 60% 的分	1
13		平行度公差≤0.1 mm	超差不得分	1
14	装配	螺钉能完整旋入，车轮与底盘、车身和大底盘零件无干涉	不符合要求酌情扣分	10
15	外观	无碰伤拉毛现象	不符合要求酌情扣分	5

思考题

1.什么叫划线基准？如何选择划线基准？

2.怎样选择锯条？安装锯条时应注意什么？

3.锉平面时有时会锉成鼓形，为什么？如何克服？

4.攻螺纹时应该如何保证螺孔质量？

2.2　普通车削加工训练

扫码学习

数字资源

车削是切削加工中最基本、最常用的一种加工方法,其利用工件的旋转运动和车刀在纵向、横向或斜向的进给运动来完成对工件的切削加工。无论是成批大批量生产,还是单件小批量生产,车削加工都占有重要的地位。

车削主要用来加工工件的回转表面,其基本工作内容是车外圆、车端面、切槽或切断、钻中心孔、车孔、铰孔、车螺纹、车锥面、车成形面以及滚花等,如图 2.2.1 所示。车削加工的尺寸公差等级一般为 IT10～IT7,表面粗糙度 Ra 值的范围一般是 6.3～0.8 μm。

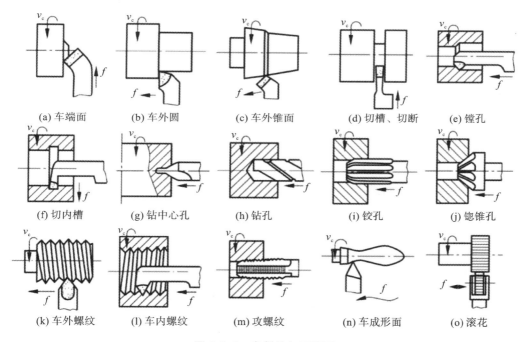

(a) 车端面　　(b) 车外圆　　(c) 车外锥面　　(d) 切槽、切断　　(e) 镗孔

(f) 切内槽　　(g) 钻中心孔　　(h) 钻孔　　(i) 铰孔　　(j) 锪锥孔

(k) 车外螺纹　　(l) 车内螺纹　　(m) 攻螺纹　　(n) 车成形面　　(o) 滚花

图 2.2.1　车削的加工范围

2.2.1　训练目标、内容及要求

1. 训练目标

让学生了解普通卧式车床的组成、基本传动原理,熟悉车刀的种类和组成、车床主要附件的特点及应用,掌握车削加工方法的工艺过程、特点及应用等基本知识,实现以下基本目标:

(1) 掌握车刀及工件的安装方法;

(2) 掌握车削加工的安全操作步骤;

(3) 掌握外圆、端面、台阶、圆锥、成形面、孔的车削加工技能。

2. 训练内容

(1) 学习车削概述及安全注意事项;

（2）学习车床的组成、传动及工件和刀具的安装；

（3）练习基本车削工艺，如图 2.2.2 所示，将毛坯加工成 $\phi40$ mm 的铝合金棒料。

①选择外圆柱面为定位基准，选择三爪自定心卡盘装夹；

②车削工艺路线：车端面→车外圆→车锥面→打磨圆锥面→切断→车球头→车端面→倒角。

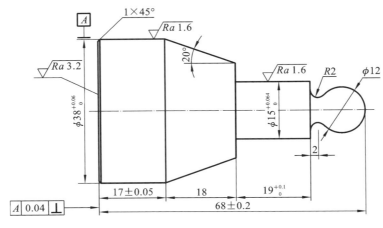

图 2.2.2　车削练习

3. 训练安全注意事项

（1）必须按规定穿好工作服，不得穿裙子、高跟鞋、拖鞋。女生必须戴好防护帽，辫子放入帽内。戴好防护镜，不得戴手套和围巾操作。

（2）车床开动前，必须认真检查机床各部件和防护装置是否完好，是否安全可靠，加油润滑机床，并低速空载运行 3～5 min，检查机床运转是否正常。床头、刀架、床面不得放置工、量具和其他东西。

（3）装夹工件、刀具必须牢固、可靠。严禁在主轴或尾座锥孔内安装与锥度不符或锥面有严重伤痕和不洁净的刀具、顶尖等。工件装夹完毕，T 形扳手应严格归还原处。

（4）机床运转时，不准测量工件，不准用手去刹住转动的卡盘，用砂纸时，其应放在锉刀上，严禁戴手套用砂纸操作，不准使用磨破的砂纸，不准使用无柄锉刀。

2.2.2　训练设备

机床的型号是机床产品的代号，用以简明地表示机床的类别、主要技术参数、结构特征等。训练用设备为普通车床 CA6132，其中 C 为类别代号（车床类），A 为结构代号，6 为组别代号（落地及卧式车床组），1 为系别代号（卧式车床系），32 为主要参数代号，表示能加工的最大回转直径为 320 mm。训练用普通卧式车床的外形如图 2.2.3 所示。车床的主运动是工件的旋转运动，简称主传动；进给运动则是刀具的直线移动。

车床的传动系统包括主传动链和进给传动链，进给传动链又分为车螺纹传动链、纵向进给传动链和横向进给传动链。传动系统框图如图 2.2.4 所示。主传动链的两个末端是主电动机与主轴，它的功能是把动力源（电动机）的运动及动力传给主轴，使主轴带动工件做旋转运动，并满足车床主轴变速和换向的要求。进给传动链的两个末端分别是主轴和刀架，其功能是使刀架实现纵向或横向移动及变速与换向。

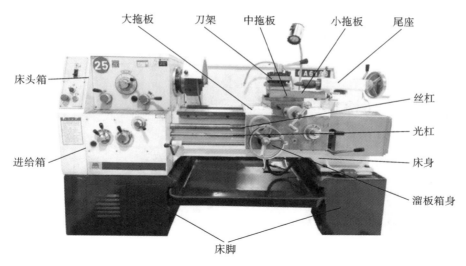

图 2.2.3　普通卧式车床外形

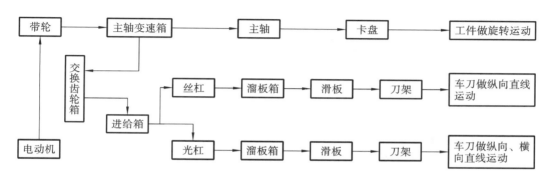

图 2.2.4　卧式车床传动系统框图

传动轴的多种转速是通过改变传动轴间的齿轮啮合状态,即传动比来实现的。传动比 i 是传动轴之间的转速之比。若主动轴的转速为 n_1,从动轴的转速为 n_2,则机床传动比为

$$i = \frac{n_2}{n_1}$$

机床传动链的传动路线长,为方便计算传动链的总传动比,将传动比 i 定义为从动轴的转速 n_2 与主动轴的转速 n_1 之比。设主动轴上的齿轮齿数为 z_1,从动轴上的齿轮齿数为 z_2,则机床的传动比可转换为主动齿轮齿数与从动齿轮齿数之比,即

$$i = \frac{n_2}{n_1} = \frac{z_1}{z_2}$$

车床主要用于加工各种轴类和盘类零件。安装工件时应使被加工表面的回转中心与车床主轴的中心线重合(找正),以保证安装位置准确;同时还要把工件夹紧,以承受切削力,保证加工安全。车床上常用来装夹工件的附件有三爪卡盘、四爪卡盘、顶尖、心轴、中心架、跟刀架、花盘和弯板等。

2.2.3　训练要点及操作步骤

1. 车刀的种类和用途

目前,广泛采用硬质合金作为车刀材料,在某些情况下也采用高速钢作为车刀材料。车

削加工需要根据零件的材料、形状和加工要求采用不同的车刀。车刀按结构形式分为整体车刀、焊接车刀和机夹车刀,如表 2.2.1 所示。

表 2.2.1   车刀结构类型、特点及用途

结构类型	特点	用途
整体式	用整体高速钢制造,刃口可磨得较锋利	小型车床或加工非铁金属
焊接式	焊接硬质合金或高速钢刀片,结构紧凑,使用灵活	各类刀具,特别是小刀具
机夹式	避免了焊接产生的应力、裂纹等缺陷,刀杆利用率高。刀片可集中刃磨以获得所需参数,使用灵活、方便	外圆车刀、端面车刀、镗孔车刀、切断车刀、螺纹车刀等
可转位式	避免了焊接式车刀的缺点,刀片可快速转位,生产率高,断屑稳定,可使用涂层刀片	大、中型车床,加工外圆、端面,可镗孔,特别适用于自动生产线、数控机床

2. 车刀的组成

车刀是由刀杆和刀头两部分组成的。刀杆是车刀的夹持部分;刀头是切削部分,由刀面、切削刃和刀尖组成。外车刀的切削部分由三面、二刃、一尖组成,即一点二线三面。

前刀面指切削过程中,切屑流出时所经过的表面。主后刀面指切削时,与工件加工表面相对的表面。副后刀面指切削时,与工件已加工表面相对的表面。主切削刃指前刀面与主后刀面的交线。它可以是直线或曲线,担负着主要的切削工作。副切削刃指前刀面与副后刀面的交线,一般只担负少量的切削工作。刀尖指主切削刃与副切削刃的相交部分。为了强化刀尖,常将其磨成圆弧形或一小段直线,称为过渡刃。

3. 车刀的安装及对刀

车刀必须正确牢固地安装在刀架上,如图 2.2.5 所示。装夹车刀时,必须注意以下事项。

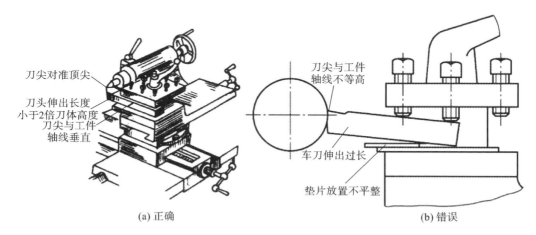

(a) 正确   (b) 错误

图 2.2.5   车刀的安装

(1) 车刀装夹在刀架上的伸出部分应尽量短些,以提高其刚度。车刀伸出长度约为刀柄厚度的 1.5 倍。

(2) 车刀刀尖应与工件轴线等高。一般用安装在车床尾座上的顶尖来校对车刀刀尖高度,通过垫片进行调整,使车刀刀尖靠近尾架顶尖中心。刀尖应略高于顶尖中心 0.2～0.3

mm,当螺钉紧固时车刀会被压低,刀尖高度基本与顶尖高度一致。

（3）刀杆垫片应平整,垫片数量应尽量少（一般为 1～2 片）,并与刀架边缘对齐。

（4）车刀刀杆应与工件轴线垂直。

（5）车刀位置调整好后应紧固,至少用两个螺钉平整压紧,以防振动。先用手拧紧螺钉,再使用专用刀架扳手将螺钉逐个拧紧。注意刀架扳手不允许加套管,以防损坏螺钉。

（6）加工前一定要对工件进行加工极限位置检查,避免发生安全事故。

（7）开始车削加工时注意必须开车对零点,这样不仅可以找到刀具与工件的初始接触点,而且也不易损坏车刀。

4. 基本车削工艺

1）车端面

车端面时常用弯头刀或偏刀。当用右偏刀由外圆向中心进给车端面时,易"扎刀"而出现凹面,且到工件中心时是将凸台一下子车掉的,容易损坏刀尖。在精车时,往往采用由中心向外进给的方式。用弯头刀车端面时,凸台是逐渐车掉的,所以车端面用弯头刀较为有利。

2）车外圆和台阶

外圆车削是最常见的车削加工工艺,尖刀主要用于粗车没有台阶或台阶不大的外圆;弯头刀用于车削外圆、端面和倒角;主偏角为 90°的偏刀,车外圆时的径向力很小,常用来车削细长轴。高度在 5 mm 以下的台阶可在车外圆时同时车出。高度在 5 mm 以上的台阶应分层车削。

精车时,完全靠刻度盘确定背吃刀量来保证工件的尺寸精度是不够的,因为刻度盘和丝杠的螺距有一定误差,往往不能满足精车的要求。必须采用试切法,如果试切处尺寸合格,就以该背吃刀量车削整个表面。

3）切槽与切断

切槽是用切槽刀横向进给在工件上车出环形沟槽的加工方式,切槽刀有一个主切削刃和两个副切削刃。副切削刃磨出 1°～2°的副偏角,以减少与工件的摩擦。切削宽度在 5 mm以下的窄槽时,可将主切削刃磨得与槽等宽,一次切出。对于较宽的沟槽,可用窄刀分几段依次车去槽的大部分余量,在槽的两侧及底部留出精车余量,最后进行精车以达到槽的尺寸要求。

切断要用切断刀。切断刀的形状与切槽刀相似,但刀头窄而长,易折断。切断时应适当降低切削速度;手动进给时,要注意进给的均匀性,在即将切断时,必须减小进给速度,以免刀头折断。

4）车回转成形面

回转成形面是由一条曲线（母线）绕一固定轴线回转而成的表面。根据精度要求及生产批量的不同,可分别采用双手控制法、成形车刀和靠模法等车削成形面。随着数控车床的发展和大量使用,现多用数控车削加工成形面,但在单件生产中仍常用双手控制法车削成形面。车削时用双手同时摇动中拖板和小拖板（或大拖板）的手柄,使车刀同时做纵向和横向进给运动,车刀的运动轨迹与工件母线相同。这种方法需要掌握熟练的操作技术,但由于不需要辅助工具,仍用于单件小批量生产。

5）车锥面

车锥面的方法有四种:转动小拖板法、偏移尾架法、靠模法和宽刀刃法。单件小批量生产中常用转动小拖板法和偏移尾架法。

转动小拖板法：将小拖板绕转盘转一个被切锥面的斜角 α 后锁紧，用手缓慢而均匀地转动小拖板。受行程限制，该方法只能用于加工短锥面，只能手动进给，所得锥面表面粗糙度 Ra 值为 $6.3 \sim 3.2\ \mu m$，如图 2.2.6 所示。

偏移尾架法：尾架由底座和尾架体组成，底座紧固在床身导轨上，尾架体可在底座上做横向调节并紧固。如图 2.2.7 所示，将尾架顶尖偏移一个距离 S，工件装夹于两顶尖之间，使工件轴线（两顶尖中心线）与车床主轴轴线之间形成一个被切锥面的斜角 α，利用车刀手动或自动纵向进给，就可车出所需的锥面。

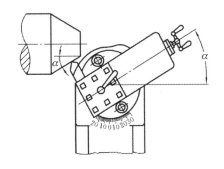
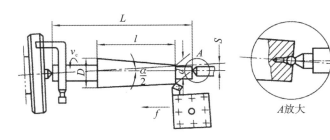

图 2.2.6　转动小拖板车圆锥　　　　图 2.2.7　偏移尾架法车圆锥

当 α 不大时，利用 $\tan\alpha \approx \sin\alpha$，可得出尾架偏移的距离 S：

$$S = \frac{L(D-d)}{2l}$$

式中：D、d 分别为锥体大端和小端直径；L 为工件轴向总长度；l 为锥度部分轴向长度。

此法可以用于加工较长的锥面，且能自动进给，所得锥面表面粗糙度 Ra 值为 $6.3 \sim 1.6$ μm；但不能车锥面，受尾架偏移量的限制，一般只能加工斜角 $\alpha < 8°$ 的外锥面。

6) 车螺纹、滚花、孔加工

车螺纹、滚花、孔加工工艺详见二维码。

2.2.4　训练考核评价标准

普通车削训练内容及考核评价标准如表 2.2.2 所示。

表 2.2.2　普通车削训练内容及考核评价标准

序号	项目与技术要求	考核标准	满分值/分
1	安全及规范操作(工件刀具装夹、加工和测量操作)	视现场情况酌情给分	60
2	总长 60 ± 0.2 mm	超差 5% 以内给 90% 的分；超差 5%～10%，给 80% 的分；超差 10%～15%，给 60% 的分；超差大于 15%，不给分	10
3	车轴段 $\phi 38^{+0.06}_{0}$ mm	超差 5% 以内给 90% 的分；超差 5%～10%，给 80% 的分；超差 10%～15%，给 60% 的分；超差大于 15%，不给分	10

续表

序号	项目与技术要求	考核标准	满分值/分
4	车轴段 $\phi15^{+0.64}_{0}$ mm	超差 5% 以内给 90% 的分；超差 5%～10%，给 80% 的分；超差 10%～15%，给 60% 的分；超差大于 15%，不给分	10
5	车削表面粗糙度	不符合要求酌情给分	10

思考题

1. 车削时切削用量包括哪些要素？
2. 列举普通卧式车床上的几种典型传动结构，简述其功能。
3. 列举车削加工中常用的几种量具，简述其功能。

2.3　普通铣削加工训练

　　铣削是在铣床上以铣刀作为刀具加工物体表面的一种机械加工方法。铣削是机械加工中常用的方法之一。工作时，如图 2.3.1 所示，刀具旋转做主运动，工件移动做进给运动。工件也可以是固定状态，此时旋转的刀具还必须移动，同时完成主运动和进给运动。铣床的加工范围很广，可以加工平面、台阶、斜面、沟槽、曲面等，还可以进行钻孔和镗孔。铣削加工的尺寸精度可达 IT7～IT8 级，表面粗糙度 Ra 值为 $1.6～3.2\ \mu m$。

扫码学习
数字资源

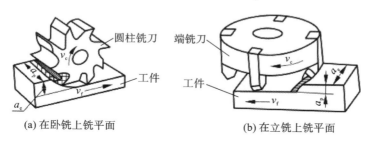

(a) 在卧铣上铣平面　　　　　　　(b) 在立铣上铣平面

图 2.3.1　铣削运动

2.3.1　训练目标、内容及要求

1. 训练目标

（1）了解铣削特点及加工范围；
（2）了解铣床的种类结构、切削运动；
（3）了解常用铣刀的种类、应用，掌握准备刀具、换刀、对刀操作；
（4）了解平面和沟槽的铣削加工。

2. 训练内容

　　六根孔明锁由六个零件组成。孔明锁有多种设计方案，图 2.3.2 为其中一种，图 2.3.3 所示为孔明锁零件图。

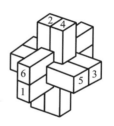

图 2.3.2　六根孔明锁

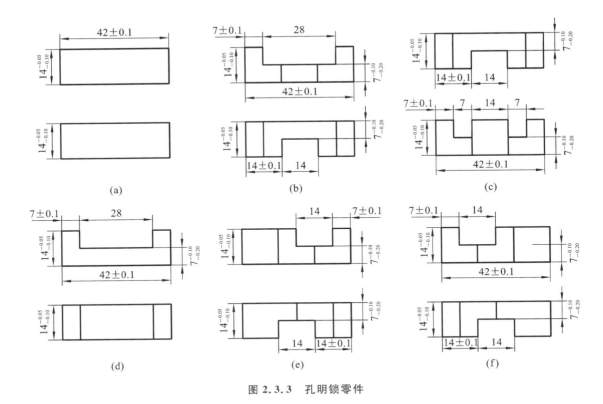

图 2.3.3　孔明锁零件

训练内容如下：

（1）按图纸要求加工孔明锁零件的四个大平面；

（2）按图纸要求加工孔明锁零件的两个端面；

（3）按图纸要求加工孔明锁零件的槽；

（4）去毛刺；

（5）对孔明锁零件进行组装。

3. 训练安全注意事项

（1）熟悉并严格遵守机床操作规程。按规定穿戴好工作服和防护用品。不准戴手套操作。

（2）安装工件时，要注意装夹牢固。拆卸工件时，要注意不要碰撞到刀具。

（3）机床进行切削时，不得中途停车。如发生故障则必须立即停车。

（4）停车时，先停走刀，后停主轴。

（5）在自动走刀或快速移动时，手动手柄必须脱开。机床停稳前，不得用手触摸零件，也不得用嘴去吹铁屑。多人共用一台机床时，不准同时动手操作，要互相关照，防止发生事故。

2.3.2　训练设备

1. 铣床结构

铣床的类型很多，主要类型有卧式升降台铣床、立式升降台铣床、龙门铣床、工具铣床和各种专门化铣床等。

　　以立式铣床为例,铣刀安装在主轴上,由主轴带动做旋转运动,工件安装在工作台上,由工作台完成纵向、横向和高度方向的运动。

　　图 2.3.4 所示为 X5032 型立式铣床的外形。在型号"X5032"中,"X"表示铣床类,"5"表示立式铣床,"0"表示立式升降台铣床,"32"表示工作台宽度的 1/10,即工作台的宽度为320 mm。

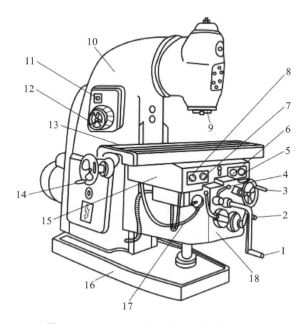

图 2.3.4　X5032 型立式升降台铣床外形

1—升降手动手柄;2—进给量调整手柄;3—横向手动手轮;4—纵向、横向、高度方向自动进给选择手柄;5—机床启动按钮;6—机床总停按钮;7—自动进给换向旋钮;8—切削液泵旋钮开关;9—主轴;10—床身;11—主轴点动按钮;12—主轴变速手轮;13—纵向工作台;14—纵向手动手轮;15—横向工作台;16—底座;17—快动手柄;18—升降台

2. 铣床的主要附件

1) 万能铣头

　　在卧式铣床上装万能铣头,其主轴可以偏转任意角度,能完成各种立铣工作。万能铣头的外形如图 2.3.5 (a)所示。其底座用螺栓固定在铣床的垂直导轨上。铣床主轴的运动通过铣头内的两对锥齿轮传到铣头主轴上。铣头的大本体可绕铣床主轴轴线偏转任意角度,如图 2.3.5(b)所示。装在铣头主轴的小本体还能在大本体上偏转任意角度,工件在一次装夹中,可进行多个面的加工,如图 2.3.5(c)所示。

2) 分度头

　　在铣削加工中,经常进行铣六方、齿轮、花键及刻线等工作。工件每铣过一面或一个槽,都需要转过一定角度,再铣削第二面或第二个槽,这种工作称为分度。分度头就是分度用的附件,其中万能分度头最为常见,如图 2.3.6 所示。根据加工需要,万能分度头可以在水平、垂直和倾斜位置上工作。

3) 平口钳

　　平口钳装夹是铣床中常用的工件装夹方法,如图 2.3.7 所示,工件用平口钳安装在工作

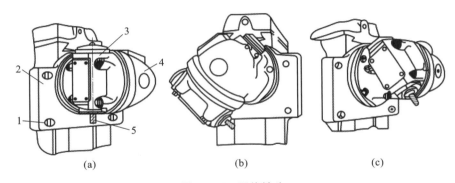

图 2.3.5　万能铣头

1—螺栓；2—底座；3—小本体；4—大本体；5—铣刀

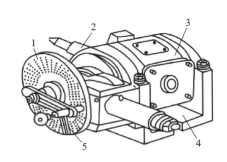

图 2.3.6　万能分度头

1—分度头；2—主轴；3—回转体；4—底座；5—扇形叉

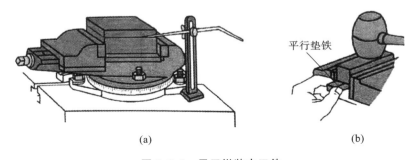

图 2.3.7　平口钳装夹工件

台台面时，应仔细清除台面及平口钳底面的杂物和毛刺。对于长工件，钳口应与主轴垂直，在立式铣床上应与进给方向一致。对于短工件，一般钳口与进给方向垂直较好。在粗铣和半精铣时，因为固定钳口比较牢固，故希望铣削力方向指向固定钳口。

采用平口钳装夹工件时应注意使工件被加工部分高于钳口，如高度不够，则需要选择高度合适的垫铁。为防止工件与垫铁之间有间隙，装夹时可用橡胶锤适当敲击。为保护工件表面，可以在钳口与工件之间垫软金属片。

4）压板

压板螺栓装夹如图 2.3.8 所示，对于中型、大型和形状比较复杂的工件，一般利用压板把工件直接压牢在铣床工作台台面上。在铣床上用压板装夹工件时，所用的工具比较简单，主要是压板、垫铁、T 形螺栓及螺母。但为了满足装夹不同形状工件的需要，压板的形状有很多种。

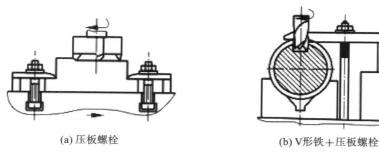

(a) 压板螺栓　　　　　　　　　　　(b) V形铁＋压板螺栓

图 2.3.8　压板螺栓装夹工件

5）铣刀

铣刀种类很多,要求铣刀切削部分材料具有较高的硬度、良好的耐磨性、足够的强度和韧性、良好的热硬性和良好的工艺性。常用的铣刀刀齿材料有高速钢和硬质合金两种。

铣刀的分类方法很多,这里仅根据铣刀安装方法的不同分为两大类:带孔铣刀和带柄铣刀。

(1) 带孔铣刀如图 2.3.9 所示,多用于卧式铣床。

(a) 圆柱铣刀　　(b) 三面刃盘铣刀　(c) 锯片铣刀　(d) 盘状模数铣刀

(e) 角度铣刀　　(f) 角度铣刀　　(g) 半圆弧铣刀　(h) 半圆弧铣刀

图 2.3.9　带孔铣刀

(2) 带柄铣刀可分为锥柄铣刀和直柄铣刀两种,安装方法如图 2.3.10 所示。图 2.3.10 (a)所示为锥柄铣刀的安装,根据铣刀锥柄尺寸,选择合适的变锥套,将各配合表面擦净,然后用拉杆将铣刀和变锥套一起拉紧在主轴锥孔内。图 2.3.10(b)所示为直柄铣刀的安装,这类铣刀直径一般不大于 20 mm,多用弹簧夹头安装。铣刀的柱柄插入弹簧套孔内,由于弹簧套上面有三个开口,因此用螺母压弹簧套的端面,使外锥面受压,孔径缩小,从而将铣刀夹紧。弹簧套有多种孔径,以适应不同尺寸的直柄铣刀。

2.3.3　训练要点及操作步骤

铣削是金属切削加工中最常用的方法之一。它的切削运动是由铣刀的旋转运动和工件的直线移动组成的,其中铣刀的旋转运动为主运动,工件的直线移动为进给运动。

铣床的工作范围很广,常见的铣削工作有铣平面、铣斜面、铣沟槽、铣成形面、钻孔、扩孔、铰孔和铣孔及铣螺旋槽等。孔明锁的制作主要应用了铣平面和铣沟槽两个工艺。

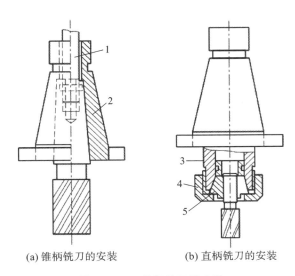

(a) 锥柄铣刀的安装　　　　　　(b) 直柄铣刀的安装

图 2.3.10　带柄铣刀的安装

1—拉杆;2—变锥套;3—夹头体;4—螺母;5—弹簧套

1. 铣平面

平面可以在卧式铣床上用圆柱铣刀铣削,也可在立式铣床上用端铣刀、立铣刀铣削,如图 2.3.11 所示。图 2.3.12 所示为应用铣平面工艺对孔明锁零件外形进行加工。

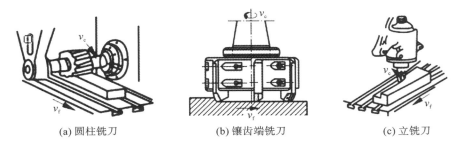

(a) 圆柱铣刀　　　　　　(b) 镶齿端铣刀　　　　　　(c) 立铣刀

图 2.3.11　铣平面

2. 铣沟槽

铣床能加工的沟槽种类很多,如直槽、键槽、角度槽、燕尾槽、T 形槽、圆弧槽和螺旋槽等。图 2.3.13 所示为孔明锁沟槽铣削加工。

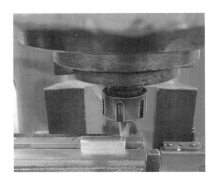

图 2.3.12　孔明锁零件铣平面

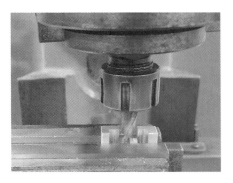

图 2.3.13　孔明锁零件铣沟槽

2.3.4　训练考核评价标准

普通铣削训练内容及考核评价标准如表 2.3.1 所示。

表 2.3.1　普通铣削训练内容及考核评价标准

序号	项目与技术要求	考核标准	满分值/分
1	基本操作	通过指导能独立规范操作，得分大于 35 通过指导能规范操作，偶有失误，得分 29～35 通过指导能规范操作，能对错误部分进行修正，得分 24～29 在指导下，操作不熟练，多次出错，需反复改进，得分低于 24	40
2	外形尺寸 $14_{-0.10}^{-0.05}$ mm	超差 10% 以内给 90% 的分；超差 10%～20%，给 80% 的分；超差大于 20%，不得分	10
3	总长 42 ± 0.1 mm	超差 10% 以内给 90% 的分；超差 10%～20%，给 80% 的分；超差大于 20%，不得分	5
4	键槽侧面高度 7 ± 0.1 mm	超差 10% 以内给 90% 的分；超差 10%～20%，给 80% 的分；超差大于 20%，不得分	5
5	键槽侧面高度 14 ± 0.1 mm	超差 10% 以内给 90% 的分；超差 10%～20%，给 80% 的分；超差大于 20%，不得分	5
6	键槽余侧高度 $7_{-0.2}^{-0.1}$ mm	超差 10% 以内给 90% 的分；超差 10%～20%，给 80% 的分；超差大于 20%，不得分	5
7	装配完成后的松紧度	装配后太松扣 5 分，装配不上扣 10 分	10
8	安全实践	违者扣分	10
9	文明实践与"5S"执行	违者扣分	10

思考题

1. 立铣刀和球头铣刀分别适合铣什么类型的曲面？
2. 铣床上的工件有哪些装夹方式？
3. 顺铣和逆铣的区别及各自特点是什么？

2.4　工业测量训练

测量技术是对零件的几何量进行测量和检验的一门技术。国家标准是实现互换性的基础，测量技术则是实现互换性的保证。随着现代制造业的发展，测量技术在机械产品的设计、研发、生产监督、质量控制和性能试验中有着重要的地位。熟知测量技术方面的基础知识，是掌握测量技能、独立完成机械产品几何参数测量的基础。

扫码学习
数字资源

2.4.1 训练目标、内容及要求

1. 训练目标

（1）了解机械测量常用测量器具的结构特点、测量范围、测量精度、使用方法及维护保养；

（2）掌握外径千分尺、百分表、千分表、内径千分表和粗糙度测量仪的使用方法；

（3）了解使用三坐标测量机进行手动测量的方法。

2. 训练内容

本项目的待测工件为机器人 RV 减速机（RV-20S）的偏心轴和输出座，如图 2.4.1、图 2.4.2所示。

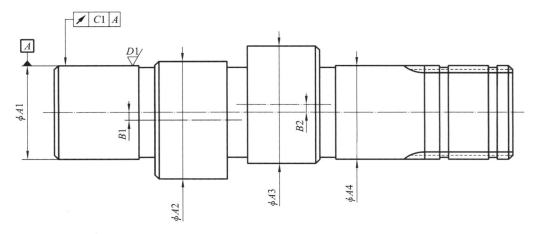

图 2.4.1　偏心轴

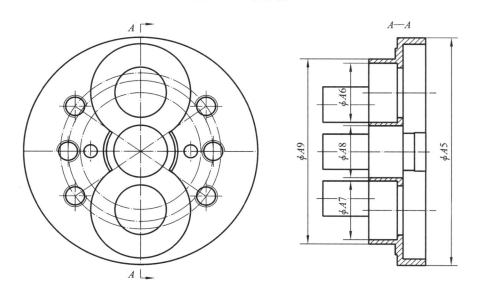

图 2.4.2　输出座

（1）使用外径千分尺测量轴套类零件直径 A1、A2、A3、A4、A5 值，使用内径千分尺测量孔径 A6 值；

（2）使用百分表测量偏心距 $B1$、$B2$ 值，使用千分表测量径向圆跳动度 $C1$ 值；

（3）使用便携式粗糙度测量仪测量表面粗糙度 $D1$ 值；

（4）使用三坐标测量仪测量外径尺寸 $A9$ 值和内径尺寸 $A7$、$A8$ 值。

3. 训练安全注意事项

（1）熟悉并严格遵守仪器操作规程；

（2）工作结束后关闭粗糙度测量仪和三坐标测量机的电源和气源。

2.4.2　训练设备

根据测量原理、结构特点及用途，测量器具一般可以分为量具、量规、量仪以及测量装置四大类。下面介绍本训练使用的测量器具。

1. 外径千分尺

千分尺是利用螺旋传动原理把螺杆的旋转运动转化成直线位移来进行测量的测微量具。千分尺是一种精密量具，其测量精度比游标卡尺高，可达到 0.01 mm，可读取到小数点后第 3 位。千分尺的种类很多，最常用的外径千分尺外形和结构如图 2.4.3 所示。

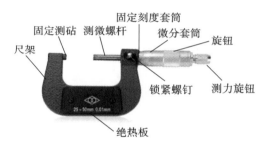

图 2.4.3　外径千分尺结构

外径千分尺读数方法：千分尺固定套筒上有一条纵向刻线，其上、下方各有一排间距为 1 mm 的均匀刻线。上、下两排刻线之间的间距为 0.5 mm。读数时，上排为整数毫米值，下排为小数半毫米值。测微螺杆的螺距为 0.5 mm，微分套筒转一周，测微螺杆沿轴向移动 0.5 mm。微分套筒分为 50 格，每格代表的轴向位移为 0.5/50 mm＝0.01 mm。读数时分为三个步骤：①读出固定套筒上露出刻线的毫米和半毫米数；②看微分套筒上哪一刻度线与固定套筒的基准线对齐或者接近重合，读出小数部分，应估读到小数点第三位数；③把两个读数相加即得到实测尺寸。

2. 百分表和千分表

百分表和千分表是应用最为广泛的一种机械式量仪，常在生产中用于检测长度尺寸、几何误差，调整设备或装夹找正工件，以及作为各种检测夹具及专用量仪的读数装置等。百分表和千分表的外形如图 2.4.4 所示。百分表和千分表通常和万向表座配合使用，如图 2.4.5 所示。百分表测量杆每移动 1 mm，大指针正好回转 1 圈，在百分表的表盘上沿圆周刻有 100 个小格，各格的读数值为 0.01 mm。千分表测量杆每移动 0.2 mm，大指针正好回转 1 圈，在千分表的表盘上沿圆周刻有 200 个小格。指针每移动 1 小格，表示尺寸变动 0.001 mm。

3. 内径千分表

在生产中，孔径的测量可采用不同的方法，考虑的因素包括生产批量的大小、测量精度的高低、尺寸的大小等。内径千分表是一种用相对测量法测量孔径的量仪，外形如图 2.4.6

图 2.4.4   百分表和千分表外形

图 2.4.5   百分表和万向表座

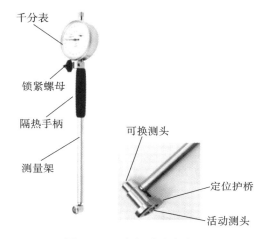

图 2.4.6   内径千分表外形

所示。内径千分表按其测头形式可分为带定位护桥和不带定位护桥两类。测量时,活动测头的移动使杠杆摆动,通过传动杆推动千分表的测量杆,使千分表指针回转。定位护桥的作用是帮助找正直径的位置,使内径表的两个测头正好在内孔直径的两端。

4. 便携式粗糙度测量仪

表面粗糙度与零件表面的加工方法、刀刃形状和走刀量等各种因素都有密切关系,它是评定零件表面质量的一项重要技术指标。表面粗糙度的评定参数有与高度特性有关的参数、与间距特性有关的参数和与形状特性有关的参数。高度参数是目前评定表面粗糙度的主要参数,包括轮廓算术平均偏差 Ra 和轮廓最大高度 Rz。只有在高度参数不满足表面质量要求时,才根据功能要求选用其他参数作为附加参数。表面粗糙度常用检测方法有比较法、光切法、干涉法和针描法等。针描法是一种接触式测量方法,测量时使触针以一定速度划过被测表面,传感器将触针随被测表面微小峰谷的上下移动转化为电信号,并经过传输、放大和积分运算处理后,通过显示器显示出表面粗糙度值。图 2.4.7 所示为便携式粗糙度测量仪的外形。

5. 三坐标测量机

三坐标测量机是一种高效的精密测量仪器,它采用绝对测量法,使触发式或扫描式等形式的传感器随 X、Y、Z 三个互相垂直的导轨相对移动和转动,获得被测物体上各测点的坐标

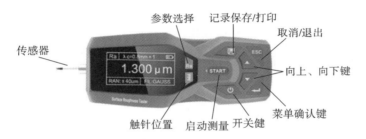

图 2.4.7　便携式粗糙度测量仪外形

位置,再经计算机数据处理系统,显示被测物体的几何尺寸、形状和位置误差。三坐标测量机可以准确、快速地测量标准几何元素,以及确定中心和几何尺寸的相对位置。在一些应用软件的帮助下,还可以测量、评定已知的或未知的二维或三维开放式、封闭式曲线。

三坐标测量机主要由四部分组成:主机机械系统(X、Y、Z 三轴或者其他)、测量头系统、电气控制硬件系统、数据处理软件系统(测量软件),如图 2.4.8 所示。本训练使用的是移动桥架型三坐标测量机。在使用三坐标测量机时,经常会使用操纵盒来控制探针的移动。图 2.4.9 所示为操纵盒结构。手动操作时,按住探针启用按钮,操作摇杆,左右运动控制 X 轴,前后运动控制 Y 轴,旋转运动控制 Z 轴。

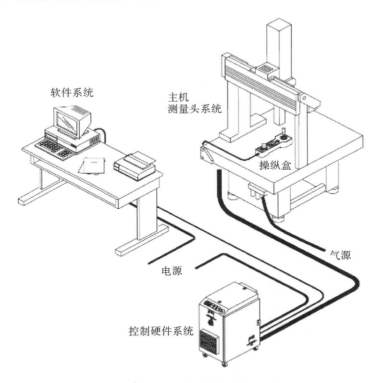

图 2.4.8　三坐标测量机的组成

2.4.3　训练要点及操作步骤

测量时,将偏心轴安装在偏摆测量仪两顶尖之间,零件应转动自如,但不允许轴向窜动。

1. 使用外径千分尺测量轴套类零件直径

测量前,首先根据被测工件的尺寸选择相应量程的千分尺,检查千分尺的各部位是否灵活可靠,微分套筒的转动是否灵活,锁紧装置的作用是否可靠,零位是否正确等,零位不准确时需要校准零线。

测量时,先将工件被测表面擦拭干净,然后将其置于外径千分尺两测量面之间,使外径千分尺测微螺杆的轴线与工件中心线垂直或者平行。然后左手捏住隔热板,右手顺时针转动微分套筒,不允许用冲力转动微分套筒,使测量端与工件被测表面接近,接着旋转测力旋钮,直到听到"咔咔"声为止。读数时,最好不要取下千分尺进行读数,如需取下,应先锁紧测微螺杆,尽可能使视线与刻度线表面垂直。每个测量尺寸取两个截面,每个截面取相互垂直的两个方向测量。

测量后,应用布将外径千分尺擦干净,使固定测头和活动测头的测量面间留出空隙,放入盒中。

选用适当量程的外径千分尺完成 $A1$、$A2$、$A3$、$A4$、$A5$ 外径测量。用外径千分尺测量外径的同一部位 3 次(等精度测量),取平均值作为测量值。

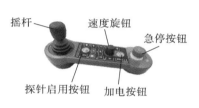

图 2.4.9 操纵盒结构

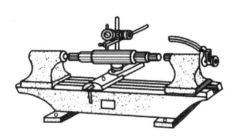

图 2.4.10 在偏摆测量仪上测量偏心距

2. 使用百分表测量偏心距

偏心轴两端有中心孔,并且偏心距较小,所以将偏心轴安装在偏摆测量仪两顶尖之间,如图 2.4.10 所示。

测量时,将百分表夹持在万向表座上,测头垂直于轴线,转动轴一周,读出表盘的最大读数和最小读数,两者之差的一半即为偏心距的尺寸。按照上述方法测量 $B1$、$B2$ 值。夹持百分表或者千分表时,夹紧力不要过大。测头与被测表面接触时,需要保持一定的初始测量力。测量时,不要使测头突然撞到待测零件上,而应该轻提测量杆,移动工件至测头下方,再缓慢放下使之与被测表面接触。测量后,用干净的布将百分表的各部分擦干净,在测头上涂好防锈油并放回盒内。测量杆要处于自由状态,避免表内弹簧失效。

3. 使用千分表测量径向圆跳动

测量时,将千分表装在表架上,使表架通过零件轴心线,并与轴心线垂直,测头与零件表面接触,并压缩 1~2 圈后紧固表架。转动被测零件一周,记下千分表示值的最大值和最小值,两个值之差为该截面的径向圆跳动。在轴向的三个截面上进行测量,取三个截面中径向圆跳动的最大值为该零件的径向圆跳动。按照上述方法测量 $C1$ 值。

4. 使用便携式粗糙度测量仪测量表面粗糙度

本训练中,便携式粗糙度测量仪与测量平台配合使用,使用方法如下。

(1) 传感器的安装。安装时,用手拿住传感器的主体部分,将传感器插入仪器底部的传感器连接套中,然后轻推到底,如图 2.4.11 所示。同样,拆卸时,用手拿住传感器的主体部分或者保护套管的根部,慢慢地向外拉出。在安装拆卸时,应特别注意不要碰及触针,以免损坏。

图 2.4.11 传感器安装示意图

(2)仪器校准。通常情况下,仪器在出厂前都要经过严格的测试,示值误差远小于 10%,因此建议不要频繁使用示值校准功能。

(3)测量前准备。将偏心轴放置在 V 形铁上,将仪器正确、平稳、可靠地放置在工件被测表面上,保持传感器的滑行轨迹垂直于工件被测表面的加工纹理方向。

(4)测量。利用触针位置来确定传感器的位置,尽量使触针在中间位置进行测量,如图 2.4.12 所示。然后在主界面状态下,按回车键进入触针位置显示界面(见图 2.4.13),再次按回车键退出,回到主界面。最后在主界面状态下,按启动测量键开始测量 D1 值。

(5)测量完毕后,应及时将传感器放入盒中,保存在干燥的环境中。

图 2.4.12 粗糙度测量仪安装在测量平台上

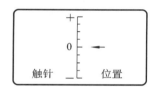

图 2.4.13 触针位置示意图

5. 使用内径千分表测量孔径

选用适当测量范围的内径千分表测量输出座孔径 A6,方法如下。

(1)内径千分表的组合。根据被测零件基本尺寸选择适当的可换测头装入量杆的头部,调整活动测头和可换测头之间的距离使其比被测孔径的基本尺寸大 0.4～0.5 mm,然后用专用扳手锁紧螺母。接着将千分表轻轻插入量表直管轴孔中,使千分表压缩一圈,紧固。

(2)校准零位。内径千分表是采用相对法进行测量的器具,因此在使用前必须用其他量具根据被测零件的公称尺寸对内径千分表的零位进行校准。根据被测零件的基本尺寸选择适当测量范围的外径千分尺,将内径千分表的两测头放在外径千分尺两量砧之间校准零位,如图 2.4.14 所示。

(3)测量。如图 2.4.15 所示,先将内径千分表活动测头压入零件,再将固定测头放入,微微摆动千分表,观察千分表指针的摆动情况,指针顺时针回转的转折点处示值为测量的最小值,其读数为孔径的实际偏差。考虑到被测零件存在形状误差,选择多个截面进行测量,如图 2.4.16 所示,在孔轴向的三个截面及每个截面相互垂直的两个方向上,共测六个点。

6. 使用三坐标测量机测量外径和孔径

使用手动测量方法完成输出座外径尺寸 A9 和孔径尺寸 A7、A8 的测量。

(1)测量前准备工作:①检测机器的外表及机器导轨是否有障碍物,对导轨和工作台进

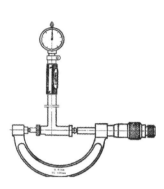

图 2.4.14　千分尺校准零位

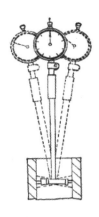

图 2.4.15　内径千分表测量示意图

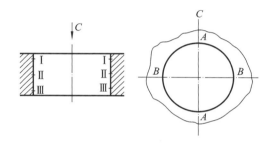

图 2.4.16　测量位置示意图

行清洁;②打开气泵,调节压缩空气压力;③打开计算机,启动测量软件,测量机回零点。本项目使用的测量软件为 PC-DMIS。

(2)测头校验:测头校验包括 5 个步骤,即配置测头、定义标准球、添加角度、检验测针和查看结果。其中配置测头操作包括定义测头文件名、定义测座、定义测座与测头的转换、定义加长杆和测头、定义测针。完成软件定义设置后开始校验测针。

(3)工件测量步骤如下。①手动建立坐标系,建立零件坐标系的作用是找正零件,确定零件基准方向。步骤为:找正,确定第一轴向;旋转到轴线,确定第二轴向;平移,确定三个轴向的零点。②手动测量特征。三坐标测量机的基本原理是将被测零件放入它允许的测量空间,精确地测出被测零件表面的点在空间三个坐标位置的数值,将这些点的坐标数值进行计算机数据处理,拟合形成测量元素,如圆、球、圆柱、圆锥、曲面等,再经过数学计算的方法得出其形状、位置公差及其他几何量数据。在进行手动特征测量的时候,要合理分布测点位置和测量适当的点数。③添加尺寸评价命令,输出报告。

(4)测量工作结束后,保存测量程序,关闭测量系统。关闭系统时,首先将 Z 轴运动到安全的位置和高度,避免造成意外碰撞;退出 PC-DMIS 软件,关闭控制系统电源和测座控制电源;关闭计算机电源、UPS 电源、除水机电源,关闭气源开关。

2.4.4　训练考核评价标准

工业测量训练内容及考核评价标准如表 2.4.1 所示。

表 2.4.1　工业测量训练内容及考核评价标准

序号	训练内容	考核标准	满分值/分
1	测量器具操作规范	视现场情况酌情给分	40
2	安全实践	视现场情况酌情给分	10
3	文明实践与"5S"执行	视现场情况酌情给分	10
4	A1、A2、A3、A4	每项 2 分，测量值位于公差带内得满分，否则不得分	8
5	B1、B2	每项 2 分，测量值位于公差带内得满分，否则不得分	4
6	C1	测量值位于公差带内得满分，否则不得分	2
7	D1	测量值位于公差带内得满分，否则不得分	4
8	A5	测量值位于公差带内得满分，否则不得分	3
9	A6	测量值位于公差带内得满分，否则不得分	4
10	A7、A8、A9	每项 5 分，测量值位于公差带内得满分，否则不得分	15

思考题

1. 简述不同生产批量的制造过程中所使用的测量方法与工具的异同。

2. 简述外径千分尺、内径千分表和百分表的使用与保养注意事项。

3. 三坐标测量机在工作过程中应注意哪些事项？

第 3 章　先进制造技术

3.1　CAD/CAM 训练

计算机辅助设计与辅助制造技术（CAD/CAM 技术）是工程技术人员在计算机系统的辅助之下，合理有效地进行产品设计和制造的技术。其中计算机辅助设计（computer aided design，CAD）是工程技术人员以计算机为工具，完成产品设计、绘图、分析等设计活动的总称。计算机辅助制造（computer aided manufacturing，CAM）的定义有广义和狭义之分。狭义的 CAM 是指通过计算机编程生成数控机床可识别的 NC 代码，从而使数控机床能够自动运行完成零件的加工。广义的 CAM 一般是指利用计算机辅助完成从生产准备到产品制造整个过程的活动，包括工艺过程设计、工装设计、NC 自动编程、生产作业计划、生产控制、质量控制等。作为二十世纪十大杰出工程技术之一，CAD/CAM 技术已广泛地应用于现代工程的各个领域，并已成为现代数字化、网络化、智能化制造技术的基础技术之一。

扫码学习
数字资源

3.1.1　训练目标、内容及要求

1. 训练目标

（1）了解 CAD/CAM 的基本原理以及机械零件三维建模的基本思路；

（2）了解参数化三维实体建模的工艺特点及实现方法，具备简单零件的参数化三维建模能力；

（3）了解三轴数控铣削加工工艺及编程方法，基本具备典型零件的三轴数控铣削编程能力。

2. 训练内容

（1）了解现代参数化设计的基本理念，完成参数化草图绘制练习，其中草图要求实现全约束。典型草图训练用二维图如图 3.1.1 所示。

（2）了解三维造型的基本原理及方法，完成典型零件的三维造型练习。造型过程要求实现全参数化。造型训练用产品图如图 3.1.2 所示。

（3）基于已完成的三维造型，完成其配套二维工程图的生成练习，要求视图及尺寸标注与提供的原始图纸（见图 3.1.2）一致。

（4）自主设计或选择合适的三维造型，完成三轴数控铣削编程练习，要求粗精加工工艺及工艺参数相对合理。训练用典型三维模型如图 3.1.3 所示。

3.1.2　训练用三维 CAD/CAM 软件

CAD 技术已从最初的二维设计发展到现在的三维设计，陆续诞生了各种各样的三维 CAD 软件。根据建模原理的不同，三维建模软件可以分为多边形建模、曲面建模和实体建模三大类。以多边形建模技术为主的常用软件有 3Ds Max、Maya、Cinema 4D 等，多用于游

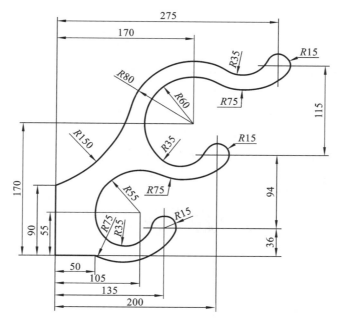

图 3.1.1　草图训练用图

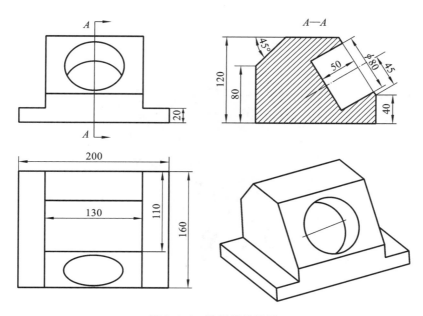

图 3.1.2　造型训练用图

戏、动画等模型精度要求不高的领域；以曲面建模技术为主的软件主要有 Rhinoceros 和 Alias 等,常用于工业设计领域的产品外观设计。机械行业中通常以实体建模技术为主,常用的软件主要有 CATIA、UG、Pro/E、SolidWorks、SolidEdge 和 Inventor 等,其中 CATIA、UG 和 Pro/E 是主流高端 CAD 软件,功能强大、应用广泛并各具特色。

UG 软件的前身是美国麦克唐纳-道格拉斯公司为了加工飞机的机翼而开发的三维 CAD/CAE/CAM 系统软件,其 CAM 功能首屈一指,是 CAM 行业功能最全面、最通用的软件。UG 软件中的 CAM 模块可以完成钻孔、车削、三轴至五轴铣削、车铣复合、电火花加工

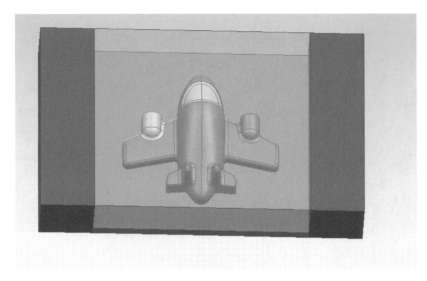

图 3.1.3　数控编程训练用典型三维模型

等各种数控加工工艺程序的生成。本项目将以 UG 软件 NX12.0 版本为主要训练用软件，其标准界面及常用功能分区如图 3.1.4 所示。

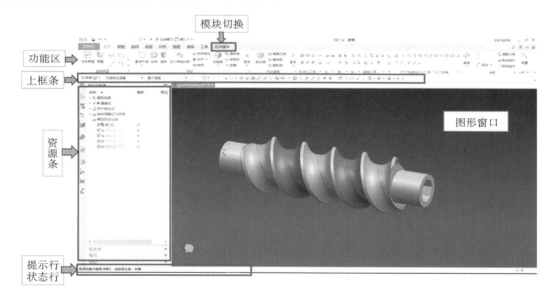

图 3.1.4　NX12.0 软件界面及常用功能分区

3.1.3　训练要点及操作步骤

1. 草图绘制要点

造型参数化的核心是参数化草图的绘制。参数化草图的绘制主要通过几何关系和尺寸关系等约束条件来实现，为后续的参数化零件造型奠定基础。UG 软件的草图绘制有任务环境下绘制草图和直接草图两种模式，这里建议采用任务环境下绘制草图的模式，其操作更方便、功能更强大。

草图的绘制一般应遵循以下要点。

（1）草图基准：草图定位基准一般为基准坐标系或前面已生成的实体边或草图。

（2）绘图顺序：草图由若干线段组成，各线段绘制的先后顺序会显著影响绘图效率。通常先绘制并约束住约束信息充足的线段，然后再绘制其他线段。如图 3.1.1 所示之二维图，先绘制并约束的线段如图 3.1.5 所示。

（3）约束顺序：添加约束时先按设计意图添加几何约束，然后加适量的尺寸约束。

（4）约束状态：草图约束存在欠约束、充分约束和过约束三种状态。点击"几何约束"，可以查看草图的约束状态。草图约束的理想状态是充分约束状态，不允许出现过约束状态。欠约束状态虽然不影响造型，但存在设计隐患。查看约束状态时绿色线条代表已约束好，箭头代表还欠缺约束（见图 3.1.5 中三个圆弧的端点）。

（5）过约束处理：草图绘制时软件可能无意自动添加了部分不想要的约束，如水平、垂直、平行、相切等，应及时删除，以免后面引起过约束。如果出现过约束，应删除多余或重复的约束。

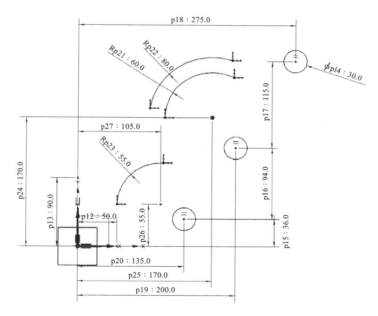

图 3.1.5　先绘制并约束的线段示例

2. 参数化造型要点

参数化实体建模技术的建模思路是在二维参数化草图的基础上，通过拉伸、回转、扫掠等实体造型功能构建基本实体，然后借助布尔运算功能完成实体之间的交并差运算，进而获得复杂三维实体。复杂零件的三维造型的难点是特征分解，即根据模型的形状特点，将零件分解为一个个简单的特征并分别造型，然后通过布尔运算等功能，得到零件的三维实体。图 3.1.2 所示的产品造型过程如图 3.1.6 所示。

3. 二维工程图生成要点

由于在尺寸标注和注释方面的优势，实际生产中二维工程图目前还必不可少。由三维造型直接生成二维工程图是现代二维工程图绘制的常用方法。UG 软件的制图模块可以快速地由三维造型生成二维工程图，此种方式生成的二维工程图与三维造型全相关，对三维模

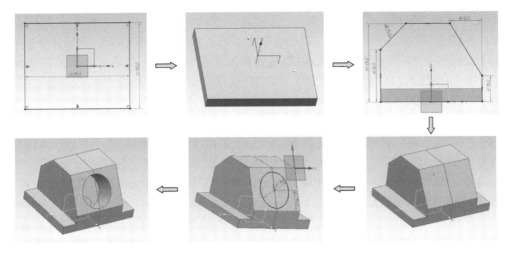

图 3.1.6　典型实体造型过程

型的任何改变都会自动地反映在二维工程图中,而且生成的投影视图可自动对准、自动生成中心线、自动消隐和自动生成剖面线等。

二维工程图的生成要点主要如下。

(1) 切换到制图模块前,需要将除实体模型以外的草图、曲面及基准坐标系等隐藏起来。

(2) 切换到制图模块,创建新的图纸页(注意设置视图投影方向、图纸比例、图纸大小等)。

(3) 通过"基本视图"工具生成视图("基本视图"对话框见图 3.1.7)。通过对话框中"模型视图"选项选定合适的视图。如该视图方向不对(如上下颠倒等),可通过"定向视图工具"进行调整。

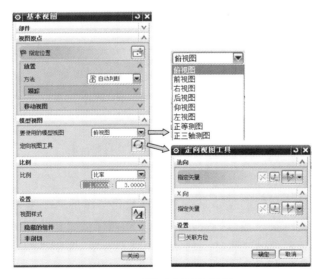

图 3.1.7　"基本视图"对话框

(4) 视图添加顺序:首先通过"基本视图"工具添加主视图,然后水平或垂直拖动鼠标即可生成对应投影视图,如左视图、俯视图等;剖视图借助"剖视图"对话框来生成,需要选择父视图及剖切位置,拖动鼠标即可自动生成对应的投影剖视图;轴测图属于基本视图,通过"基本视图"工具添加;最后再添加尺寸标准、文字注释等。

4. 典型零件的数控铣削编程步骤

典型零件数控铣削加工一般包含一次粗加工、二次粗加工、半精加工、精加工等各种工序,为方便编程,UG 软件的 CAM 模块提供了一些标准模板,可直接使用。典型的数控编程流程如图 3.1.8 所示。

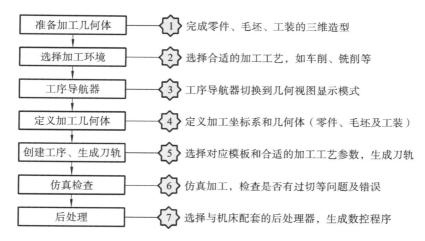

图 3.1.8 UG 软件数控编程流程

本项目的目的是在现有典型三维模型的基础上,完成基本的数控编程训练,其加工工艺说明如下:毛坯装夹工艺采用压板固定模式,使用型腔铣工序完成粗加工,使用等高铣完成中间曲面的陡峭面精加工,使用定轴曲面轮廓铣完成中间曲面的缓坡面精加工,使用平面铣完成四周平面的精加工。生成的典型刀路如图 3.1.9 至图 3.1.12 所示。

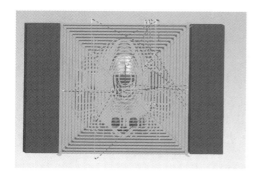

图 3.1.9 粗加工刀路(型腔铣)

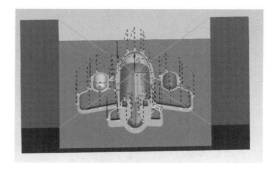

图 3.1.10 陡峭面等高精加工刀路

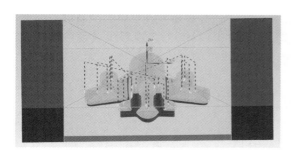

图 3.1.11 缓坡面定轴曲面精加工刀路

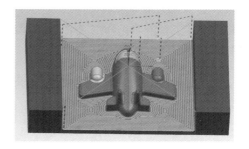

图 3.1.12 平面精加工刀路及最终仿真结果

3.1.4　训练考核评价标准

三维 CAD/CAM 训练内容及考核评价标准如表 3.1.1 所示。

表 3.1.1　CAD/CAM 训练内容及考核评价标准

序号	项目及技术要求	考核标准	满分值/分
1	基本操作	视现场情况酌情扣分	40
2	草图练习	草图约束情况、完成草图数量	5
3	实体造型练习	实体造型质量、完成造型数量	10
4	二维工程图的生成练习	工程图生成质量	5
5	自主零件数控编程练习	数控编程质量	20
6	安全实践	违者扣分	10
7	文明实践与"5S"执行	违者扣分	10

思考题

1. 针对不同的数控铣削加工工艺,其刀具选择原则有哪些?
2. 完成一个复杂零件的三维数控铣削编程,要求有二次开粗、半精加工等刀路。

3.2　CAPP 训练

扫码学习
数字资源

工艺设计是连接产品设计与产品制造的纽带,是将产品或零件的设计数据转换成加工过程所需的各种信息,形成各种工艺规程等技术文件的过程。传统的机械制造工艺设计由工艺人员手工进行,且工艺文件多以表格、卡片的形式存在,在实际应用过程中存在过度依赖个人能力、工作量大且效率低、无法有效利用 CAD 的图形及数据、信息不能共享等许多不足之处。随着计算机技术的发展,计算机辅助工艺设计(computer aided process planning,CAPP)应运而生。CAPP 借助计算机软硬件技术,利用计算机进行数值计算、逻辑判断和推理等过程来制定零件机械加工工艺过程,大大缩短了工艺设计周期,提高了企业工艺设计的标准化程度。

近年来,随着三维 CAD 和基于模型定义(model based definition,MBD)数字化制造技术的快速发展,以及"三维下车间""全三维贯通"等概念的提出与落实,三维 CAPP 成为数字化制造发展的必然趋势。三维 CAPP 指工程技术人员在计算机辅助下,基于产品的三维数字模型,用三维数字化的形式实现工艺模型创建、工艺过程设计、工艺规程生成的一种工艺形式。

3.2.1　训练目标、内容及要求

1. 训练目标

(1) 了解机械制造工艺设计的基本概念及其重要性;

(2) 了解三维机械制造工艺设计的相关技术;

(3) 熟悉利用 3DDFM、3DAST、3DMPS 软件对零件和产品进行可制造性分析、装配工

艺规划和机加工艺规划的方法及步骤。

2. 训练内容

（1）学习机械制造工艺设计的基本知识；

（2）了解三维机械制造工艺设计的优势及其相关技术；

（3）分别使用 3DDFM、3DAST、3DMPS 软件对零件和产品进行可制造性分析、装配工艺规划和机加工艺规划，并输出相应文件。

3.2.2　训练用三维机械制造工艺设计软件

CAPP 技术已从最初的二维逐步向三维发展，陆续诞生了各种各样的三维 CAPP 软件。与二维技术相比，三维 CAPP 技术可支持上游的基于 MBD 技术设计的三维设计数据，最大限度传递和继承设计信息，有效减少理解上的偏差，降低出错概率，能将三维设计成果融入对应的工艺设计过程中，支持三维工艺需求；通过三维仿真验证手段，可以对产品装配、机加工过程进行全程仿真验证，最大限度地将问题暴露在工艺规划环节，降低后端更改的成本，缩短更改时间；通过车间现场可视化系统与制造执行系统的集成，实现三维工艺指令向车间现场的数据发放，采用直观的三维工艺表达方式，增强工艺信息的可读性，提高生产制造阶段的效率。

本项目以开目 3DCAPP 相关软件为主要训练用软件，主要以 3DDFM、3DAST、3DMPS 软件为例，介绍三维可制造性分析、三维装配工艺规划及三维机加工艺规划技术。

3.2.3　训练要点及操作步骤

1. 三维可制造性分析技术

可制造性设计（design for manufacturability，DFM）是面向制造的设计，即从零件的可制造性入手审查零件的设计。3DDFM 是基于三维 CAD 系统的面向可制造性设计的应用，能够辅助设计、工艺人员在产品开发早期阶段就考虑产品的可制造性，通过对零件的可制造性进行检查和校验，提前发现并修改加工困难、无法加工、加工成本高等设计缺陷，从而缩短产品研制周期，降低生产制造成本。3DDFM 系统的四大功能模块如图 3.2.1 所示。

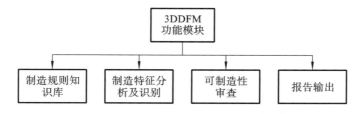

图 3.2.1　3DDFM 系统主要功能模块

制造规则知识库模块主要进行制造规则知识的管理，包括系统内置知识库的定义、用户规则的扩展等。对制造规则知识库的统一管理可以实现企业内规则知识的标准化以及知识共享。

制造特征分析及识别模块主要基于三维模型进行制造特征的分析及识别，可以有效地处理平面、孔（通孔、盲孔、螺纹孔等）、凹槽、键槽、退刀槽、越程槽、轴肩等类型的制造特征。

可制造性审查模块根据制造规则知识库对制造特征进行审查，并以可视化的方式显示未通过规则审查的对象。

报告输出模块根据定制的模板输出各类文档(包括 3DPDF、Excel、Word 等格式),以技术文档的方式报告审查结果。

三维可制造性分析的过程一般如下。

(1)导入模型:运行三维 CAD 软件导入零件模型,运行内嵌 3DDFM 软件。

(2)配置审查方案:一般情况下可根据零件加工工艺,选择已有审查方案。若需创建新的方案或编辑修改某已有方案,可在图 3.2.2 所示界面中进行编辑。

(3)运行审查:审查完成后,会弹出窗口显示所有审查规则及通过与否的情况。在未通过的规则列表里,点击任意一项左侧的"▷"符号,所有未通过此规则的特征会显示出来;将任一规则子节点展开,选中任一实例就可以在结果分析区看到其违反当前规则的原因分析,同时在三维 CAD 模型视图上会对应高亮显示此特征,如图 3.2.3、图 3.2.4 所示。

(4)输出审查报告:在输出审查报告环节,可根据需要选择 3DPDF、Excel 或 Word 等格式。

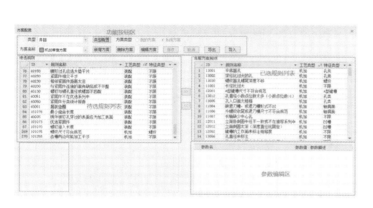

图 3.2.2　审查方案编辑界面

图 3.2.3　审查分析结果

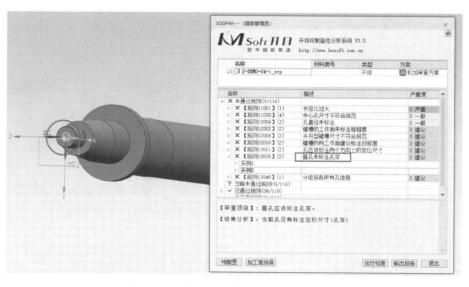

图 3.2.4　模型区域高亮显示选中的规则

2. 三维装配工艺规划技术

基于三维数字模型的装配工艺规划与仿真系统 3DAST，能够可视化地规划和仿真产品的装配过程与制造环境，使得工艺人员能够快速完成装配工艺，以三维工艺来指导现场装配，帮助装配人员高效完成装配工作。三维工艺可以在虚拟环境中实现仿真验证，包括装配顺序、干涉碰撞分析等内容，提前发现工艺问题。3DAST 软件主要功能包括装配模型管理、装配过程规划、工艺信息发布和系统集成应用。

工艺规划人员利用 3DAST 软件，根据经验、知识和实际条件在计算机虚拟环境中基于产品三维 CAD 模型，交互地建立产品零部件的装配序列及空间装配路径，最终得到合理、经济、实用的产品装配方案，并以三维动画形式记录下来，使装配操作人员能更加直观、准确、高效地完成装配工作，提高装配质量和效率。

三维装配工艺规划的过程一般如下。

（1）导入产品模型：运行 3DAST 软件，直接引入产品三维模型，也可先将产品模型转换成 * . xml 格式再引入。若产品模型较大，运用第一种方法会花费较长时间。

（2）划分装配工序：将整个产品装配过程划分为几个主要的工序，并按照装配流程，将其进行关联，如图 3.2.5 所示。

（3）定义装配活动：为各个装配工序定义装配活动，设置适宜的观察视角并添加工艺图解（如文本、标签、局部放大、BOM 表格等）。

（4）输出装配指导文件：装配工艺规划完成后，根据需要可以录制成 AVI 格式的视频文件，用于装配现场操作指导；可以发布为 PDF 文件方便查看；可以发布为工艺卡片，进行打印输出；如图 3.2.6 所示。

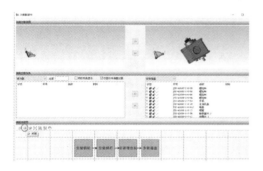

图 3.2.5　划分并关联各装配工序

图 3.2.6　输出装配指导文件

3. 三维机加工艺规划技术

3DMPS 系统以三维 CAD 技术、可视化技术为基础，充分考虑产品全生命周期的各个环节，利用产品的三维模型，由工艺规划人员在计算机环境中对产品的加工过程进行交互式的定义和分析，实现基于三维模型的工艺可视化规划。3DMPS 通过自动识别零件加工特征，基于工艺知识智能推理工艺过程和工艺参数，自动生成工序模型，仿真优化工艺过程和工艺参数，辅助工艺人员进行零件分析及工艺流程设计工作，从而提升工艺设计质量和效率，帮助制造业实现数字化转型。

三维机加工艺规划的过程一般如下。

（1）导入零件模型：运行 3DMPS 软件并新建工艺，打开零件模型。

（2）识别零件加工特征：零件加工特征识别有智能拾取和特征拾取两种方式。智能拾取是指系统智能地判断特征类型、提取特征参数；特征拾取是指用户先判断出特征类型，再选取模型上相应的加工面,此时系统自动判断是否属于该特征并提取特征参数。一般情况下,应先使用特征拾取,再使用智能拾取选择剩余的孔类等简单且数量较多的特征。

(3)设计毛坯模型:通过系统提供的自动、余量设置、半自动、引入及编辑毛坯模型等方式生成零件毛坯。毛坯类型为棒料、方料的零件,毛坯的生成可在工序模型生成前的任一阶段完成,毛坯类型为铸件的零件,毛坯生成必须在其加工特征识别后、工序模型生成前完成。

(4)编排零件加工工序:在特征工艺 BOF 列表中选取相应的特征类型,依次为该类型下的各个加工表面编排机加工艺并设置相应的工艺参数。对于孔系加工特征的工艺规划,可使用软件推理功能,采用默认的加工方法,如图 3.2.7 所示。根据实际工艺需求,对特征加工步骤进行合并操作形成工序,并为每道工序设置相应的加工设备,如图 3.2.8 所示。

图 3.2.7　为各加工特征选择加工方法

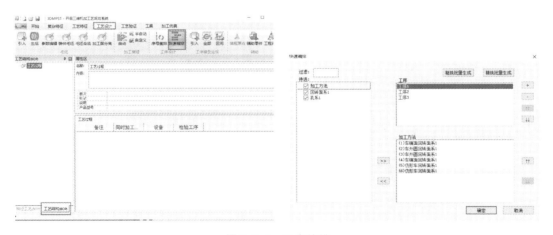

图 3.2.8　工序编排

(5)生成工序模型:系统通过识别零件加工特征和调用加工方法工艺库,自动完成加工推理及生成工序模型。

(6)输出工艺规划文件:根据编制好的工艺路线,选择不同工序的输出模板和二维附图,输出工艺规程。

3.2.4　训练考核评价标准

三维机械制造工艺设计训练内容及考核评价标准如表 3.2.1 所示。

表 3.2.1　三维机械制造工艺设计训练内容及考核评价标准

序号	项目及技术要求	考核标准	满分值/分
1	基本操作	通过指导能独立规范操作,得分大于 35 通过指导能规范操作,偶有失误,得分为 29～35 通过指导能规范操作,能对错误部分进行修正,得分为 24～29 在指导下,操作不熟练,多次出错,需反复改进,得分低于 24	40
2	零件及产品可制造性分析/装配工艺规划/机加工艺规划操作练习	通过指导独立完成操作练习,得分大于 8 通过指导独立完成操作练习,偶有失误,得分 5～8 通过指导仍无法独立完成操作练习,得分小于 5	10
3	零件及产品可制造性分析/装配工艺规划/机加工艺规划输出文件	报告文件质量。如零件可制造性分析文件中的规则简述、严重等级、结果分析等;产品可装配性分析文件中的二维标签及 BOM 表格的设置、各装配步骤观察视角的设置等;零件加工工艺规划文件中各个工序及工步的设置等	30
4	安全实践	违者扣分	10
5	文明实践与"5S"执行	违者扣分	10

思考题

1. 机械制造工艺设计的发展经历了哪几个阶段?
2. 发展三维机械制造工艺设计技术有什么意义?

3.3　数控车削加工训练

　　数控车床是目前广泛应用的数控机床之一,简称 CNC(computer numerical control)车床。数控车床主要用于轴类和盘类等回转体零件的加工。运行数控加工程序,可自动完成内外圆柱面、锥面、圆弧、螺纹、端面等工序的切削加工,并能进行切槽及钻、扩、铰孔等工作,特别适合复杂形状回转体零件的加工,其典型加工零件如图 3.3.1 所示。数控车床以其精度高,效率高,能适应小批量、多品种复杂零件的加工等优点,在机械制造业中得到日益广泛的应用。

扫码学习
数字资源

　　与普通车床相比,数控车床具有以下几个特点。①自动化程度高。在数控车床上加工零件时,除了手工装卸零件外,其他加工过程都可以由数控车床自动完成,大大减轻了操作

图 3.3.1　典型加工零件

者的劳动强度,改善了劳动条件。②具有加工复杂形状的能力。③加工精度高,质量稳定。④生产效率高。⑤不足之处主要表现为要求操作者技术水平高,数控车床价格高,加工成本也偏高,加工过程中难以调整,维修比较困难。

3.3.1　训练目标、内容及要求

1. 训练目标

通过让学生熟悉数控车床的分类、布局、组成、控制原理、操作方法,了解数控车削的特点、加工工艺过程及应用,熟悉数控车床常用指令字符的使用方法等基本知识,使其具备以下基本技能:

（1）掌握外圆、螺纹等特征零件的手工编程方法;

（2）掌握车床的对刀方法;

（3）掌握外圆、螺纹等简单零件的车削加工技能。

2. 训练内容

（1）学习数控车床简介、编程及零件加工工艺知识,以及实习安全注意事项;

（2）学习数控车床操作并练习;

（3）学习零件加工对刀方法;

（4）如图 3.3.2 所示零件,材料毛坯尺寸为 $\phi30$ mm 的铝合金。根据零件的加工精度要求,使用 G71、G82 指令完成零件加工。

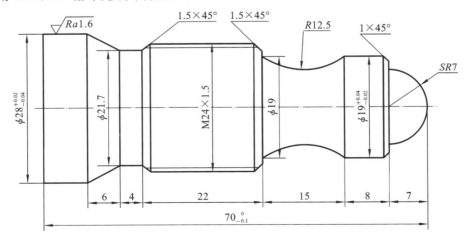

图 3.3.2　数控车削加工训练零件

加工过程中应注意以下几点。

（1）此零件选择外圆柱面为定位基准，选择三爪自定心卡盘装夹，通过一次装夹完成全部加工内容；

（2）加工步骤与刀具参数如表 3.3.1 所示。

表 3.3.1 加工步骤与刀具参数

加工步骤			刀具与切削参数			
工序	刀号	加工内容	刀具规格	主轴转速/(r/min)	进给速度/(mm/min)	切削深度/mm
1	T0101	粗/精车外圆	外圆车刀	600/800	100	1/0.2
2	T0303	车螺纹	螺纹刀	300	1.5	1/0.5/0.3/0.06
3	T0404	切断	切断刀	600	50	

辅助工具仪器有数显游标卡尺（0～150 mm）、M24×1.5 环规、粗糙度检测仪、锉刀、金相砂纸。

3. 训练安全注意事项

训练安全注意事项与普通车削训练安全注意事项一致。

3.3.2 训练设备

训练用核心设备是 CK6136S，由机床本体、CNC 装置（或称 CNC 单元）、伺服单元、驱动装置（或称执行机构）、可编程控制器（PLC）及电器控制装置、辅助装置、测量装置等组成。机床本体包括床身、主轴箱、尾座、进给传动机构、刀架等，如图 3.3.3 所示。

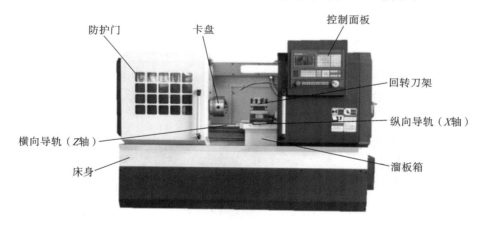

图 3.3.3 机床本体结构

训练用数控系统型号为华中数控 HNC-818A，下面介绍数控车床的指令字符。

1. 准备功能 G 指令

准备功能 G 指令由 G 和一或二位数字组成，它用来规定刀具和工件的相对运动轨迹、机床坐标系、坐标平面、刀具补偿、坐标偏置等多种加工操作。G 指令有非模态指令和模态指令之分。非模态指令只在规定的程序段中有效，程序段结束时就被注销；而模态指令是一组可以相互注销的 G 指令，其中一个 G 指令一旦被使用则一直有效，直到被同一组的另一 G 指令所取代即被注销。

常用的 G 指令如下。

（1）快速定位指令 G00：G00 X(U)_ Z(W)_。

（2）直线插补指令 G01：G01 X(U)_ Z(W)_ F_。

（3）圆弧插补指令 G02/G03：G02/G03 X(U)_Z(W)_R_F_。

（4）直螺纹切削循环指令 G82：G82 X(U)_ Z(W)_ R_ E_ C_ P_ F_。

（5）内外径车削复合循环指令 G71：

G71 U(Δd)_ R(e)_ P(ns)Q(nf)X(Δx)_Z(Δz)_F(f)_T(t)_S(s)_

N(ns)...

N(nf)...

2. 辅助功能 M 指令

辅助功能 M 指令由地址符 M 和其后的一或二位数字组成，主要用于控制零件程序的走向，以及机床各种辅助功能的开关动作。M 指令有模态和非模态两种形式。在模态 M 指令组中包含一个缺省功能，系统上电时将被初始化为该功能。

3. 主轴转速功能 S 指令

主轴转速功能 S 指令用来指定主轴转速或限速。旋转方向和主轴运动的起点与终点通过 M 指令规定。在数控车床加工时，只有在主轴启动之后，刀具才能进行切削加工。

4. 进给功能 F 指令

进给功能 F 指令可以指定刀具相对工件的合成进给速度，一般在 F 后面直接写上进给速度值。

5. 刀具功能 T 指令

刀具功能 T 指令用来选择刀具和调用相应的刀具补偿值，建立工件坐标系。数控加工中有时需要调用不同的刀具，如粗车刀、精车刀、切断刀等。编程时，假定刀架上各刀在工作位时，其刀位点是一致的，但由于刀具几何形状和安装位置不同，其实际刀位点是不一致的，相对工件点的距离也不同。因此，需要将各刀具的位置值进行比较和设定，这称为刀具偏置补偿。

训练用华中数控 HNC-818A 面板如图 3.3.4 所示，包括显示屏界面、数控装置 NC 键盘、数控车床控制面板。

图 3.3.4 HNC-818A 车床数控装置面板

3.3.3　训练要点及操作步骤

1. 工艺分析

工艺分析是数控车削加工的前期工艺准备工作。数控车削加工工艺以普通车削加工工艺为基础,应遵循一般的工艺原则并结合数控车床的特点,主要内容如下:

(1) 根据图纸分析零件的加工要求及其合理性,主要包括零件轮廓几何要素分析、尺寸标注分析、精度和技术要求分析、选择工艺基准等;

(2) 确定工件在数控车床上的装夹方式;

(3) 选择刀具;

(4) 确定各表面的加工顺序、刀具的走刀路线;

(5) 确定切削用量(主轴转速、进给速度和背吃刀量);

(6) 确定辅助功能(换刀、主轴正转或反转、冷却液的开或关等)。

2. 开机、回参考点操作

1) 开机

(1) 拨动机床左侧面电源开关,机床上电;

(2) 按压数控装置的"启动"按钮,启动数控装置,进入数控系统操作界面;

(3) 向右旋转操作面板上的"急停"按钮,解除可能存在的急停状态。

【注意】　关机后重新启动系统,要间隔 3 s 以上,不要连续短时间频繁开关机。

2) 回参考点

回参考点的目的是建立机床坐标系。

(1) 按压操作面板上工作方式中的"回参考点"键;

(2) 按压操作面板上"X",灯亮表示到位;

(3) 按压操作面板上"Z",灯亮表示到位。

【注意】　(1) 每次重新启动机床,必须完成各轴的回参考点操作,保证各轴坐标正确;

(2) 回参考点后,运行过程中只要伺服驱动装置不报警,对于其他报警都无须重新回零;

(3) 必须先回 X 坐标,再回 Z 坐标,否则有可能导致刀架与尾座发生碰撞。

3. 机床手动操作及换刀操作

机床手动操作及换刀操作主要包括手动持续进给、增量步进进给、手摇进给、换刀操作。

4. 选择、编辑、新建、保存和校验程序

按压主菜单中"程序"键,结合子菜单功能键(F1～F6),可实现程序的选择、编辑、保存、校验等,主要步骤如下。

(1) 选择程序载入。

(2) 编辑程序。

(3) 新建及输入程序。

① 按下子菜单"返回"功能键 F6,按压子菜单"新建"功能键 F3,可新建程序;

② 在光标处输入以英文字母"O"开头的文件名(例:O12345),回车确认;

③ 在编辑区输入程序,对于图 3.3.5 所示零件,其加工程序如下:

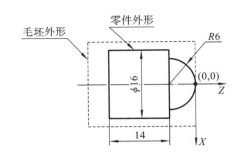

图 3.3.5 加工零件图

%0001

N01 T0101

N02 G00 X30 Z10

N03 M03 S460

N04 G01 Z0 F300

N05 X0

N06 G03 X12 Z－6 R6

N07 G01 X16

N08 Z－20

N09 G00 X30

N10 Z10

N11 M30

④输入完毕后按压 F3 保存程序。

(4) 校核程序。

5. 对刀操作

对刀的目的是确定工件坐标系,其实质就是测量工件原点与机床原点之间的偏移距离。对刀操作将确定每把刀具的偏置补偿数据,使每把刀具的刀位点都重合在某一理想位置上,从而使编程者只需按工件的轮廓编制加工程序而不必考虑不同刀具的长度和刀尖半径的影响。

最常用的刀具偏置补偿数据设置方法是试切法,即确定每把刀具的试切直径和试切长度后,由数控系统自动计算刀具偏置值,生成刀具偏置补偿数据到相应的工件坐标系上。

6. 运行加工程序

当对刀操作正确完成且程序校核无误后,就可以开始实际零件的自动加工。

(1) 依次按压主菜单功能键中的"程序"和子菜单中的 F1,选择要载入的程序并加载;

(2) 按压工作方式中的"自动",进入自动工作模式;

(3) 按压操作面板上的"循环启动"键,主轴转动,刀架移动,开始零件的自动加工。

【注意】 (1) 此操作务必在准确对刀和程序校验后才能进行;

(2) 若运行过程中出现异常,则可以通过"进给保持"暂停程序或"复位""急停"终止程序。

7. 关机

(1) 按压数控装置"关闭"按钮,关闭数控装置,关闭机床数控系统操作界面;

(2) 关闭机床电源。

3.3.4 训练考核评价标准

数控车削加工训练内容及考核评价标准如表 3.3.2 所示。

表 3.3.2　数控车削加工训练内容及考核评价标准

序号	项目与技术要求	考核标准	满分值/分
1	安全及规范操作（工件刀具装夹、加工和测量操作）	视现场情况酌情给分	60
2	总长 $70_{-0.1}$ mm	超差 5% 以内给 90% 的分；超差 5% ～ 10%，给 80% 的分；超差 10% ～ 15%，给 60% 的分；超差大于 15%，不给分	8
3	车轴段 $28^{+0.02}_{-0.04}$ mm	超差 5% 以内给 90% 的分；超差 5% ～ 10%，给 80% 的分；超差 10% ～ 15%，给 60% 的分；超差大于 15%，不给分	8
4	车轴段 $19^{+0.04}_{-0.02}$ mm	超差 5% 以内给 90% 的分；超差 5% ～ 10%，给 80% 的分；超差 10% ～ 15%，给 60% 的分；超差大于 15%，不给分	8
5	M24×1.5 螺纹环规检测	超差给 60% 的分	8
6	车削表面粗糙度	不符合要求酌情扣分	8

思考题

1. 数控车床与普通车床在结构上有哪些异同点？
2. 数控系统在上电过程中要注意什么？
3. 数控车床按照功能可分为哪几类？

3.4　数控铣削加工训练

　　数控铣削是在普通铣削的基础上发展起来的，两者的加工工艺基本相同。数控铣床又称 CNC(computer numerical control)铣床，是在一般铣床的基础上发展起来的一种自动加工设备，两者结构也有些相似。数控铣床分为不带刀库和带刀库两大类，其中带刀库的数控铣床又称为加工中心。数控机床加工是把刀具与工件的运动坐标分割成最小的单位量，即最小位移量，数控系统根据工件程序的要求，使各坐标移动若干个最小位移量，从而实现刀具与工件的相对运动，完成零件的加工。

扫码学习
数字资源

3.4.1　训练目标、内容及要求

1. 训练目标

（1）了解数控铣床的基本组成、控制原理；
（2）了解数控铣床的加工范围、零件的加工工艺；
（3）掌握数控铣床的基本操作；
（4）学会零件的加工程序编写方法；
（5）能够进行简单零件的数控铣削加工操作。

2. 训练内容

用 60 mm×60 mm×15 mm 的 6061 铝合金毛坯,完成图 3.4.1 所示工件的建模、工艺分析、手工编程、程序校验仿真及加工。

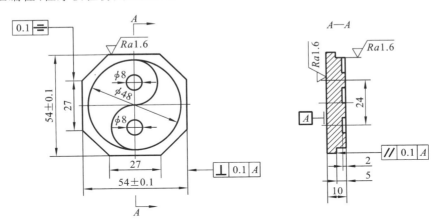

图 3.4.1 数控铣削零件图

3. 训练安全注意事项

(1)熟悉并严格遵守机床操作规程。按规定穿戴好工作服和防护用品。不准戴手套操作。

(2)启动前,按程序给定的坐标要求,调整好工件与刀具的位置,检查刀具、夹具是否锁紧,刀具旋转时是否会撞击工件。多人共用一台机床时,不准同时动手操作,要互相关照,防止发生事故。

(3)程序输入前必须严格检查程序的格式、代码及参数选择是否正确,程序输入后必须首先校验程序,确定程序无误后方可运行程序。

(4)机床运行时,必须关闭舱门,必须集中注意力,发生异常要立即停机及时处理,以免损坏设备。

(5)加工完成,在机床停稳后,再进行测量工件、检查刀具、安装工件等工作。

(6)操作完毕后必须关闭电、气,并保养机床及打扫工作场地。

3.4.2 训练设备

1. 数控铣床

数控铣床按轴的方向不同,分为立式数控铣床、卧式数控铣床和立卧两用数控铣床。立式数控铣床的主轴轴线垂直于工作台平面;卧式数控铣床的主轴轴线平行于工作台平面;立卧两用数控铣床的主轴方向可换,在一台机床上既可以立式加工,也可以卧式加工。其中,立式数控铣床数量最多、应用最广。图 3.4.2 为 XK7132 立式数控铣床,图 3.4.3 为 XK714B 立式数控铣床。主轴带动刀具旋转做切削主运动,工作台的 X 向(左右移动)、Y 向(前后移动)及主轴箱 Z 向(上下移动)组成三个进给运动方向,X、Y、Z 三个方向的移动靠伺服电动机和滚珠丝杠来实现。

2. 刀具

数控铣床铣刀主要分为面加工铣刀和孔加工铣刀。

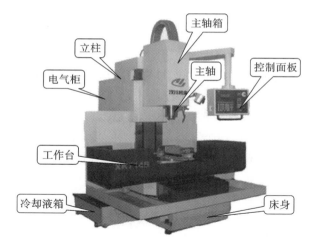

图 3.4.2　XK7132 立式数控铣床　　　　图 3.4.3　XK714B 立式数控铣床

按照用途,面加工铣刀可分为面铣刀、立铣刀、键槽铣刀、成形铣刀等,如图 3.4.4 所示,主要用于加工平面、凹槽、台阶面、二维曲面、三维空间曲面等。

(a) 可转位面铣刀　　　　　(b) 可转位立铣刀　　　　(c) 立铣刀和球头铣刀

图 3.4.4　数控铣刀

孔加工铣刀主要有钻头、镗刀、铰刀、丝锥等,如图 3.4.5 所示。

(a) 钻头　　　　　(b) 镗刀　　　　　(c) 铰刀　　　　　(d) 丝锥

图 3.4.5　孔加工铣刀

3.4.3　训练要点及操作步骤

1. 数控铣削工艺

数控铣削加工是机械加工中最常用的加工方法之一,它主要包括平面铣削和轮廓铣削,也可以对零件进行钻、扩、铰、镗加工及螺纹加工等。数控铣削主要适合于下列几类零件的加工。

1）平面类零件

平面类零件是指加工面平行或垂直于水平面，或加工面与水平面间的夹角为一定值的零件，这类加工面可展开为平面。图 3.4.6 所示的零件为平面类零件。其中，曲线轮廓面垂直于水平面，可采用圆柱立铣刀加工。凸台侧面与水平面成一定角度，这类加工面可以采用专用的角度成形铣刀来加工。

2）直纹曲面类零件

直纹曲面类零件是指直线依某种规律移动所产生的曲面类零件。图 3.4.7 所示零件的加工面就是一种直纹曲面。直纹曲面类零件的加工面不能展开为平面。

图 3.4.6　平面类零件

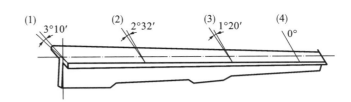

图 3.4.7　直纹曲面类零件

当采用四坐标或五坐标数控铣床加工直纹曲面类零件时，加工面与铣刀圆周接触的瞬间为一条直线。这类零件也可在三坐标数控铣床上采用行切加工法实现近似加工。

3）立体曲面类零件

加工面为空间曲面的零件称为立体曲面类零件。这类零件的加工面不能展成平面，一般使用球头铣刀加工，加工面与铣刀始终为点接触，若采用其他刀具加工，易发生干涉而铣伤邻近表面。通常采用以下两种加工方法。

行切加工法，采用三坐标数控铣床进行二轴半坐标控制加工。如图 3.4.8 所示，球头铣刀沿 XY 平面的曲线进行直线插补加工，当一段曲线加工完后，铣刀沿 Y 轴方向进给，再加工相邻的另一曲线，如此依次用平面曲线来逼近整个曲面。

三坐标联动加工法，采用三坐标数控铣床三轴联动进行空间直线插补。如半球形，可用行切加工法加工，也可用三坐标联动法加工。采用三坐标联动加工法时，数控铣床用 X、Y、Z 三坐标联动的空间直线插补实现球面加工，如图 3.4.9 所示。

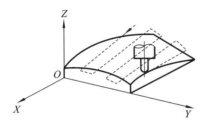

图 3.4.8　行切加工法

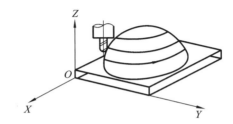

图 3.4.9　三坐标联动加工法

2. 数控铣削编程

数控机床所使用的程序是按一定的格式并以代码的形式编制的，一般称为加工程序。数控铣床的功能指令与数控车床的大致相同，可参见 3.3 节数控车削训练中的内容。这里以华中数控 HNC-818B 系统为例,介绍数控铣削的常用指令。

1) 绝对尺寸指令和相对尺寸指令 G90、G91

绝对尺寸与相对尺寸如图 3.4.10 所示。

G90 指定尺寸值为绝对尺寸,G91 指定尺寸值为相对尺寸,示例如下。

G90 G01 X30 Y37 F100 或 G91 G01 X20 Y25 F100

2) 设定工件坐标系指令

指令格式:G92 X_Y_Z_

指令说明:在机床上建立工件坐标系(也称编程坐标系)。如图 3.4.11 所示,先确定刀具的换刀点位置,然后由 G92 指令根据换刀点位置设定工件坐标系的原点,G92 指令中 X、Y、Z 坐标表示换刀点在工件坐标系 $O_p\text{-}X_pY_pZ_p$ 中的坐标值。

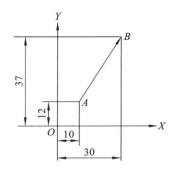

图 3.4.10　绝对尺寸与相对尺寸

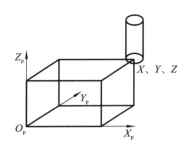

图 3.4.11　G92 设置工件坐标系

3) 插补平面选择指令

指令格式:G17/G18/G19

指令说明:表示选择的插补平面(选择圆弧插补和刀具补偿所在平面)。G17 表示选择 XY 平面,G18 表示选择 ZX 平面,G19 表示选择 YZ 平面,如图 3.4.12 所示。在刀具半径补偿时,必须选择平面,不选择则默认为 XY 平面。

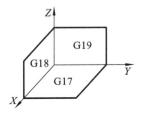

图 3.4.12　插补平面选择

4) 刀具半径补偿指令

指令格式:$\begin{Bmatrix} \text{G41} \\ \text{G42} \\ \text{G40} \end{Bmatrix}\begin{Bmatrix} \text{G00} \\ \text{G01} \end{Bmatrix}$ X_Y_D_

指令功能:数控系统根据工件轮廓和刀具半径自动计算刀具中心轨迹,控制刀具沿刀具中心轨迹移动,加工出所需的工件轮廓,编程时避免形成复杂的刀具中心轨迹。

指令说明:(1)X_Y_表示刀具轨迹建立或取消刀具半径补偿值的终点坐标;D_为刀具半径补偿寄存器地址符。(2)参照图 3.4.13 所示的刀路,沿刀具进刀方向看,刀具中心在零件轮廓左侧,则为刀具半径左补偿,用 G41 指令;沿刀具进刀方向看,刀具中心在零件轮廓右侧,则为刀具半径右补偿,用 G42 指令;G40 表示取消刀具半径补偿。G40 必须和 G41 或 G42 成对使用。

如图 3.4.14 所示,刀具由 O 点至 A 点,采用刀具半径左补偿指令 G41 时,刀具将在直线插补过程中向左偏置一个半径值,使刀具中心移动到 B 点,以下为其程序段。

G41 G01 X50 Y40 F100 D01

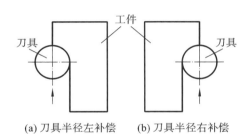

(a) 刀具半径左补偿　　(b) 刀具半径右补偿

图 3.4.13　刀具半径补偿位置判断

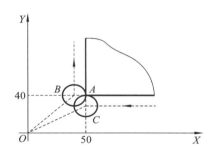

图 3.4.14　刀具半径补偿过程

当刀具以半径左补偿 G41 指令加工完工件后，通过图中 CO 段取消刀具半径补偿。

3. 数控铣床的对刀

在工件安装后，通过对刀可以在机床坐标系和工件坐标系之间建立准确的相对位置关系。因此，对刀的准确程度将直接影响零件的加工精度。常用的对刀方法有试切法对刀、寻边器对刀、Z 轴对刀仪对刀和百分表对刀等。

1）试切法对刀

当对刀点为工件上表面的中心点时，常采用试切法对刀，如图 3.4.15 所示。刀具试切法对刀简单，但会在工件上留下痕迹，且对刀精度较低。如果对刀精度要求较高，则对于 X、Y 向对刀操作，可以将刀具换成寻边器，其对刀方法和刀具试切法相同。当主轴轴承材料为陶瓷等绝缘材料时，可以用机械式寻边器，如图 3.4.16(a) 所示，如图 3.4.16(b) 所示为光电式寻边器。

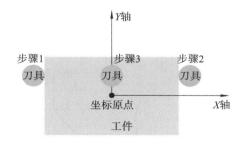

图 3.4.15　试切法对刀原理

图 3.4.16　寻边器

2）Z 轴对刀仪对刀

如图 3.4.17 所示，Z 轴对刀仪有光电式和指针式等类型，其标准高度一般为 50 mm。对刀时通过光电指示或指针判断刀具与 Z 轴对刀仪是否接触，测量精度一般可达 0.01 mm。Z 轴对刀仪配合加工中心的主轴刀具，可用于确定工件坐标系原点在机床坐标系的 Z 轴坐标值或测量刀具长度。

图 3.4.17　Z 轴对刀仪

3）百分表对刀

当对刀点为圆柱孔或圆柱面的中心时，X 向、Y 向对刀常用杠杆百分表对刀法，如图 3.4.18 所示。百分表对刀精度高，但效率较低，对被测圆周面的精度要求也较高。

4. 数控铣床的操作

下面以华中数控 HNC-818B 系统为例,介绍数控铣床的基本操作。数控铣床控制面板如图 3.4.19 所示。

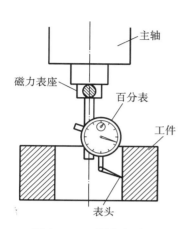

图 3.4.18　百分表对刀

图 3.4.19　数控铣床操作面板

1）开机、回参考点操作

机床开机后,按压操作面板上机床状态操作键中的"回参考点"键（显示屏下方操作键）;依次按压操作面板上"Z""X""Y"轴向键,待显示屏显示出三轴全部归零符号即可。

2）操作模式

（1）手动操作（手动面板操作）:按压操作面板上工作方式中的"手动"键,进入手动工作方式。

（2）增量操作（手轮操作）:用于精确定位以及对刀操作。

3）文件操作（新建、选择、编辑、保存和校验程序）

按压系统操作键中的"加工"键,通过菜单功能软键,可实现程序的新建、选择、编辑、保存、校核等功能。

4）对刀操作

操作步骤如下。

（1）按压"设置"按键,选择显示屏内对应的"工件测量"软键,选择"中心测量"。

（2）选择机床操作键"主轴正转",转速设置为"600";选择机床操作键"增量";通过手持盒移动铣刀,使之轻微接触工件垂直面;按压"读测量值",在 X、Y 轴方向分别测量两次,将测量值记录在 X、Y 轴空格处。

（3）试切工件表面,按压"读测量值",测量两次,将测量值记录在 Z 轴空格处。

（4）当三轴数据全部测量完毕后,按压功能软键"坐标设定"即完成对刀操作。

5）关机操作

机床操作结束后,按急停按钮,按电源关按钮,关闭总电源开关。

3.4.4　训练考核评价标准

数控铣削加工训练内容及考核评价标准如表 3.4.1 所示。

表 3.4.1　数控铣削加工训练内容及考核评价标准

序号	项目与技术要求	考核标准	满分值/分
1	基本操作	通过指导能独立规范操作,得分大于 35 通过指导能规范操作,偶有失误,得分为 29～35 通过指导能规范操作,能对错误部分进行修正,得分为 24～29 在指导下,操作不熟练,多次出错,需反复改进,得分低于 24	40
2	八方边长 54±0.1	超差 10％以内给 90％的分;超差 10％～20％,给 80％的分;超差大于 20％,不得分	10
3	粗糙度 1.6	超差 10％以内给 90％的分;超差 10％～20％,给 80％的分;超差大于 20％,不得分	10
4	平行度 0.1	超差 10％以内给 90％的分;超差 10％～20％,给 80％的分;超差大于 20％,不得分	10
5	垂直度 0.1	超差 10％以内给 90％的分;超差 10％～20％,给 80％的分;超差大于 20％,不得分	10
6	安全实践	违者扣分	10
7	文明实践与"5S"执行	违者扣分	10

思考题

1. 数控铣削有哪些工艺? 在工业生产中有哪些应用?
2. 数控铣床的对刀方式有哪几种?

3.5　加工中心训练

　　加工中心(machining center,MC)是由机械设备与数控系统组成的用于加工复杂形状工件的高效率自动化机床。加工中心最初是从数控铣床发展而来的。与数控铣床相同的是,加工中心同样由 CNC 系统、伺服系统、机械本体、液压系统等部分组成。但加工中心又不同于数控铣床,加工中心与数控铣床的最大区别在于加工中心具有自动换刀的功能,通过在刀库中安装不同用途的刀具,可在一次装夹中通过自动换刀装置改变主轴上的加工刀具,实现钻、镗、铰孔,攻螺纹,切槽等多种加工功能。

扫码学习
数字资源

3.5.1　训练目标、内容及要求

3.5.1.1　多轴加工训练

1.训练目的

(1) 了解加工中心的发展及应用;

（2）熟悉加工中心的组成、特点、操作要求；

（3）掌握加工中心自动编程知识及基本编程指令。

2. 训练内容

用 50 mm×50 mm×20 mm 的 6061 铝合金毛坯，完成图 3.5.1 所示工件的建模、工艺分析、CAM 自动编程、程序校验仿真及加工。

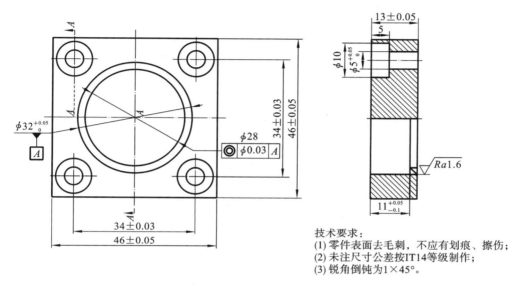

图 3.5.1　法兰式轴承座

（1）学习加工中心简介、编程及零件加工工艺，学习安全注意事项；

（2）学习数控铣床操作并练习；

（3）学习零件加工对刀操作；

（4）按给定的图纸进行三维建模，利用 CAM 软件进行自动编程、检验并完成零件加工。

3. 训练安全注意事项

（1）熟悉并严格遵守机床操作规程。按规定穿戴好工作服和防护用品。不准戴手套操作。

（2）启动前，按程序给定的坐标要求，调整好工件与刀具的位置，检查刀具、夹具是否锁紧，刀具旋转时是否会撞击工件。多人共用一台机床时，不准同时动手操作，要互相关照，防止发生事故。

（3）在进行换刀操作时，禁止按复位键中止操作。

（4）程序输入前必须严格检查程序的格式、代码及参数选择是否正确，程序输入后必须首先校验程序，确定程序无误后方可运行程序。

（5）对刀操作时，请认真阅读说明书，确认主轴刀具控制点平面位置。

（6）机床运行时，必须关闭舱门，必须集中注意力，发生异常要立即停机及时处理，以免损坏设备。

（7）加工完成，在机床停稳后，再进行测量工件、检查刀具、安装工件等工作。

（8）操作完毕后必须关闭电、气，并保养机床及打扫工作场地。

3.5.1.2 五轴加工训练

1. 训练目的

（1）了解五轴加工中心基本组成及特点；

（2）掌握五轴加工中心基本编程指令；

（3）熟悉五轴加工中心自动编程策略；

（4）熟悉五轴加工中心机床搭建与加工仿真方法。

2. 训练内容

用 $\phi60\times20$ 的 6061 铝合金毛坯，完成图 3.5.2 所示工件的建模、工艺分析、CAM 自动编程、程序校验仿真及加工。

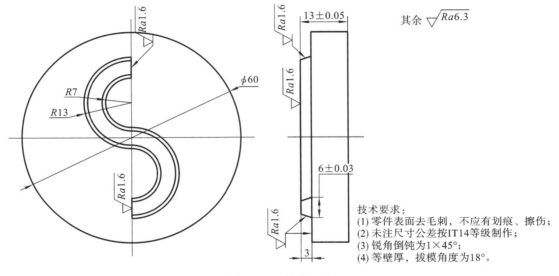

图 3.5.2 简易 S 件

（1）学习五轴加工中心的安全对刀操作；

（2）学习五轴零件的自动编程方法；

（3）自主设计、应用侧刃切削策略实现自动编程、仿真及零件加工。

3. 训练安全注意事项

五轴加工训练的安全注意事项参照多轴加工训练的安全注意事项。

3.5.2 训练设备

1. 加工中心的分类

按主轴轴线的空间位置，加工中心可分为立式加工中心（主轴轴线与工作台垂直）、卧式加工中心（主轴轴线与工作台平行）、万能加工中心（主轴轴线与工作台回转轴线的角度可联动变化）等。根据控制轴数，加工中心可分为三轴加工中心、四轴加工中心、五轴加工中心等。

2. 加工中心的组成

加工中心由数控铣床发展而来，在结构组成上比普通数控铣床增加了自动换刀装置，有些加工中心还配有可自动交换装置的工作台。

1）自动换刀装置

加工中心的自动换刀装置由刀库和刀具交换装置组成，用于交换主轴与刀库中的刀具或工具。加工中心使用的刀库主要有三种,一种是盘式刀库,一种是链式刀库,一种是伞式刀库,分别如图 3.5.3、图 3.5.4、图 3.5.5 所示。盘式刀库容量相对较小,一般可安装 1～24 把刀,主要适用于小型加工中心;链式刀库容量大,一般有 1～100 把刀具,主要适用于大中型加工中心;伞式刀库因其结构形式限制,容量相对小,适用于小型加工中心。加工中心的换刀方式主要有机械手换刀和主轴换刀两种。机械手换刀指由刀库选刀,再由机械手完成换刀动作。其换刀灵活、动作快,而且结构简单,应用更广泛。

图 3.5.3　盘式刀库　　　　图 3.5.4　链式刀库　　　　图 3.5.5　伞式刀库

2)　自动交换工作台

根据需要,加工中心可配备工作台自动交换装置,如图 3.5.6 所示,使其携带工件在装卸工位和加工工位之间转换,达到提高加工精度和生产效率的目的。

图 3.5.6　自动交换工作台

3.5.3　训练要点及操作步骤

加工中心综合加工能力强,适合加工形状复杂、加工内容多、精度要求较高的零件,如箱体、叶轮、各种曲面成形模具等,适用于航空航天、能源装备、汽车制造、船舶制造、3C(计算机、通信、消费电子)领域。典型加工零件如图 3.5.7 所示。

1. 高速高精加工工艺

高速切削加工作为机械切削制造中最为重要的一项先进制造技术,是集高效、优质、低耗于一体的先进制造技术。在常规切削加工中备受困扰的一系列问题,均可通过应用高速切削加工得到解决。其切削速度、进给速度相对于传统的切削加工,以级数级提高,切削机理也发生了根本变化。与传统切削加工相比,高速切削加工性能发生了本质性的飞跃,其单位功率的金属切除率提高了 30%～40%,切削力降低了 30%,刀具的切削寿命提高了 70%,

(a) 压气轮　　　　　　(b) 航空闭式叶轮　　　　　(c) 工艺品冰墩墩

图 3.5.7　五轴加工中心典型零件

留于工件的切削热大幅度降低,低阶切削振动几乎消失。

1) 高速高精加工工艺系统

在机械加工中,机床、刀具、夹具与被加工工件一起构成了一个实现某种加工方法的整体系统,这一系统称为机械加工工艺系统。高速加工工艺系统的特点如下:

(1) 高速加工切削刀具;

(2) 高速切削机床;

(3) 高速切削加工工艺;

(4) 高速切削加工测试;

(5) 高速切削可加工的工件材料。

2) 高速高精加工编程设置

现代数控系统中,在进行轮廓加工时,为了保证加工质量,数控装备除了应具有良好的机械精度外,还需要具有高速加工程序处理能力和高速高精功能的数控系统。同时,不同的加工工序或质量要求,具有不同的加工需求。

CNC 系统根据实际刀路轨迹,实时调整切削速度,修正相邻加工路径的速度,对自由曲线进行高精度的样条拟合,以此改善工件加工表面质量及加工精度,同时提高加工效率。

3) 高速加工编程的原则

(1) 应避免垂直下刀,尽量从材料外部切入材料或者加工前打下刀孔;

(2) 尽量采用工序集中的原则并减少换刀次数;

(3) 尽量使用平滑的刀具路径,使切削载荷均匀,避免极速切削;

(4) 尽可能使粗加工后所留加工余量均匀;

(5) 在零件的一些临界区域应尽量保证不同步骤的精加工路径不重叠;

(6) 尽可能避免刀具换向切削和不同切削区域间的刀具跳转。

2. 多轴加工指令

系统操作面板上分布有主菜单项快速切换的功能键(程序、设置、MDI、刀补、诊断、位置、参数及帮助信息等),编辑设置操作时所用的地址数字键、光标控制键(上下左右、翻页等)和编辑键(插入、删除、输入)等采用标准 PC 键盘的布局设计;机械操作面板上分布有工作方式选择键区(自动、回零、手动连续、增量、单段、空运行、循环启动及进给保持等)、轴运动手动控制键区(主轴启停、主轴定向和点动、冷却液启停、各进给轴及其方向选择等);主轴转速及进给速度的修调采用旋钮控制。数控系统操作面板如图 3.5.8 所示。

1) G 指令

G 指令参见表 3.5.1。

图 3.5.8 HNC-848B 数控系统操作面板

表 3.5.1 G 指令

代码	组	指令功能	代码	组	指令功能	代码	组	指令功能
G00	01	快速点定位	G28	00	回参考点	G64	12	连续切削
*G01		直线插补	G29		参考点返回	G65	00	宏非模态调用
G02		顺圆插补	G30		回第 2~4 参考点	G68	05	旋转变换开启
G03		逆圆插补	G34	01	攻螺纹	G68.1		倾斜面特征坐系 1
G02.4		三维顺圆插补	*G40	09	刀径补偿取消	G68.2		倾斜面特征坐系 2
G03.4		三维逆圆插补	G41		刀径左补偿	G69		旋转、特性坐标取消
G04	00	暂停延时	G42		刀径右补偿	G70~G79	06	钻孔样式循环
G05.1		高速高精模式	G43		刀长正补偿	G73~G89		钻、镗固定循环
G06.2		NURBS 样条插补	G44		刀长负补偿	*G80		固定循环取消
G07		虚轴指定	G43.4		开 RTCP 角度编程	G90	00	绝对坐标编程
G08		关闭前瞻功能	G43.5		开 RTCP 矢量编程	G91		增量坐标编程
G09		准停校检	*G49		关刀长补偿及 RTCP	G92		工件坐标系设定
G10	07	可编程输入	*G50	04	缩放关	G93	14	反比时间进给
*G11		可编程输入取消	G51		缩放开	G94		每分钟进给
*G15	16	极坐标编程取消	G52	00	局部坐标系设定	G95		每转进给
G16		极坐标编程开启	G53		机床坐标系编程	*G98		固定循环回起始面
*G17	02	XY 加工平面	G53.2	00	刀具轴方向控制	G99		固定循环回 R 面
G18		ZX 加工平面	G53.3		法向进退刀	G106	00	刀具中断退回
G19		YZ 加工平面	G54.X		扩展工件坐标系	G140		线性插补
G20	08	英制单位	G54~	11	工件坐标系	G141		大圆插补
*G21		公制单位	G59		1~6 选择	G160~G164		工件测量
G24	03	镜像功能开启	G60	00	单向定位	G181~G189	06	固定特征、铣削循环
*G25		镜像功能取消	*G61	12	精确停止			

注:①表内 00 组为非模态指令,只在本程序段内有效。其他组为模态指令,一次指定后持续有效,直到碰到本组其他代码。

②标有 * 的 G 指令为数控系统通电启动后的默认状态。

2）M 指令

M 指令是用于控制零件程序走向、机床各辅助功能开关动作及指定主轴启停、程序结束等的辅助功能指令。HNC-848B 系统所具有的 M 指令包括系统内定的 M 指令（M00、M01、M02、M30、M90/91、M92、M98/99）和由 PLC 设定的 M 指令（如 M3/4/5、M6、M7/8/9、M64、M19/20）。

3）F. S. T 指令

F 指令用于控制刀具相对工件的进给速度。速度采用直接数值指定法，可由 G94、G95 指定 F 的单位是 mm/min 还是 mm/r。注意：实际进给速度还受操作面板上进给速度修调倍率的控制。

S 指令用于控制带动刀具旋转的主轴的转速，其后可跟 4 位数。

T 指令用于机床刀库的选刀，其后的数值表示要选择的刀具号。

4）刀具中心点控制 RTCP

RTCP 主要包括三维刀具长度自动补偿和工作台坐标系编程功能。

在五轴加工中心中，无论刀具旋转到什么位置，对刀具长度的补偿始终沿着刀具长度方向进行，如图 3.5.9 所示。

刀具长度补偿指令格式如下。

G43.4 H_：刀具长度补偿开始（旋转轴角度编程方式，同时启用 RTCP）。

G43.5 H_：刀具长度补偿开始（旋转轴矢量编程方式，同时启用 RTCP）。

G43/G44 H_：可在启用上述功能后，再使用 G43/G44 作刀长的正负补偿。

G49：刀具长度补偿取消，同时关停 RTCP。

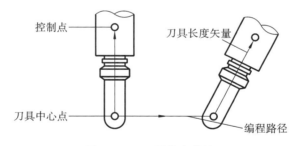

图 3.5.9　刀具长度补偿

说明：G43 为正向补偿，使刀具中心点沿着刀具轴线往控制点方向（与刀尖反方向）偏移一个刀具长度补偿值；G44 为负向补偿，使刀具中心点沿着刀具轴线向刀尖方向偏移一个刀具长度补偿值。

在五轴加工编程时，双转台的五轴加工中心也可以将工作台坐标系作为编程坐标系。工作台坐标系是与工作台固定连在一起并随着工作台一起旋转变化的。通过 M 指令可以将系统默认的工件坐标系编程模式切换到工作台坐标系编程模式。

指令格式如下。

M128：开启工作台坐标系编程功能。

M129：关闭工作台坐标系编程功能（即返回到工件坐标系编程功能）。

3. 常用加工中心的定轴自动编程策略

加工中心加工工序一般为粗加工→二粗加工→半精加工→精加工，用得较多的加工策略有型腔铣、等高铣、平面铣、固定轮廓铣等,三轴和四轴加工中心常用数控编程策略推荐如表 3.5.2 所示。

表 3.5.2　加工中心常用数控编程策略推荐

工序	加工策略	适用类型	余量/mm
粗加工/ 二粗加工	型腔铣	—	底面和侧壁分别留余量,一般为 0.1~0.2
	等高铣	—	
半精加工	平面铣	平面	一般为 0.05~0.1
半精加工	等高铣	垂直面/曲面	一般为 0.05~0.1
精加工	平面铣	平面	—
精加工	等高铣	垂直面	—
精加工	固定轮廓铣	曲面	—

4. 五轴加工中心典型编程策略

五轴加工中心编程策略除了包含多轴编程常用的型腔铣、等高铣、平面铣、固定轮廓铣等外,还包含叶轮模块的叶轮粗加工,其半精加/精加工典型策略还包含桨毂精加工、叶片精加工、叶根圆角精加工、副叶片精加工、副叶根圆角精加工。

在多轴模块中半精加/精加工典型策略还包含可变轮廓铣,通过合理设置驱动方法、投影矢量、刀轴姿态等要素,如图 3.5.10 所示,可生成适合相应曲面加工的典型策略。

图 3.5.10　多轴模块设置

通过控制投影矢量,驱动体(根据驱动方法,驱动体可以是点、线、面、文本等)上的虚拟驱动刀路按照指定的投影方式附着在部件上,从而获得对部件进行切削的刀路,如图 3.5.11 所示。

在使用“曲面区域”作为驱动方法时,加工策略对“刀轴”提供了更多控制方法。“可变刀轴”选项变成可用的状态,这时允许根据“驱动曲面”定义“刀轴”。当加工非平滑轮廓的部件表面时,有时需要利用“附加的驱动曲面”来控制刀轴以防止过大的刀具加工波动,如图 3.5.12 所示。

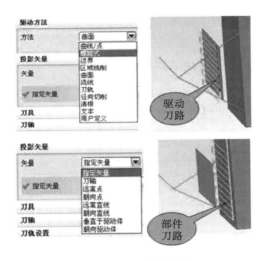

图 3.5.11　投影矢量

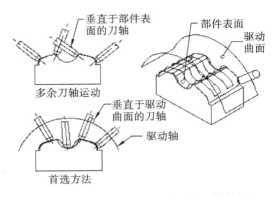

图 3.5.12　使用垂直于驱动面的刀轴控制

1)"一刀流"精加工策略

"一刀流"是若干精加工策略集合的简称,是指一次装夹对刀,在一个加工坐标系(MCS)下,利用一把加工刀具,通过一个没有抬刀动作的刀路操作,完成曲面加工,如图 3.5.13、图3.5.14 所示。

图 3.5.13　可变轮廓铣的"一刀流"设置

2)"侧刃切削"加工策略

"侧刃切削"加工策略是五轴高效加工的重要策略,"驱动方法"使用"曲面区域","投影矢量"使用"刀轴","刀轴控制"使用"侧刃驱动体",同时还需指定侧刃方向,如图 3.5.15所示。

5. 加工中心仿真

模拟机床加工的过程能真实反映加工过程中遇到的各种问题,包括加工编程的刀具运动轨迹、工件过切情况和刀/夹具运动干涉等,甚至可以直接代替实际加工过程中的试切工

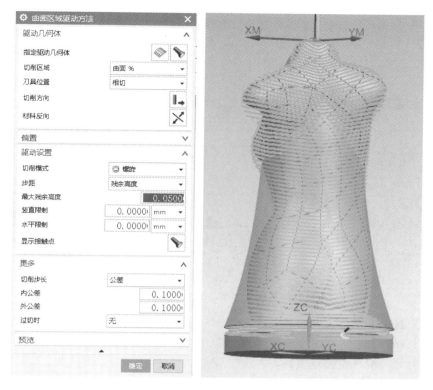

图 3.5.14　可变轮廓铣的"一刀流"刀路

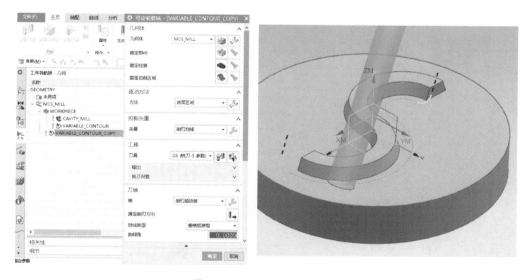

图 3.5.15　"侧刃切削"策略

作,并且可以进行加工工艺数据优化,提高零件的加工效率和机床的利用率。其加工仿真图形显示速度快,图形真实感强,可以对不同数控系统、不同格式的数控代码进行仿真,并且可以根据仿真和分析结果生成精度分析报告。特别说明的是,CAM 软件自带的仿真功能只能对加工刀路和策略进行仿真,无法对各机床的后处理进行校验仿真。五轴加工中心后处理的验证也是一项非常重要的工作。

仿真步骤如下。

(1) 分析机床结构,以华中数控 HMU50 机床为例,参看转台样本,如图 3.5.16 所示。

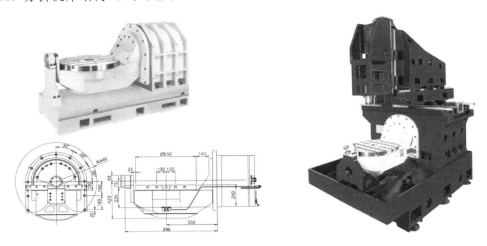

图 3.5.16　五轴加工中心 BC 型旋转工作台样本

在机床床身上有两组运动机构:一组为 BC 旋转台,其结构逻辑为床身→B 旋转台→C 旋转台→夹具;另一组为 XYZ 轴运动机构,其结构逻辑为床身→X 轴运动机构→Y 轴运动机构→Z 轴运动机构→主轴→刀具。

(2) 建立机床结构目录树,如图 3.5.17 所示。

(3) 进行机床结构简化建模,并将所有部件分别导出为 STP 格式的模型,如图 3.5.18 所示。

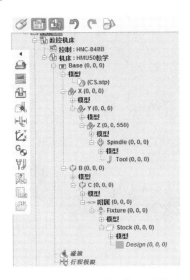

图 3.5.17　机床结构目录树

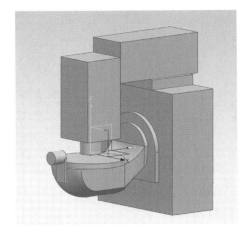

图 3.5.18　机床结构简化建模

(4) 在仿真软件机床结构目录树中对应导入模型,并建立毛坯模型,如图 3.5.19 所示。

(5) 在毛坯顶端中点建立工件坐标系,并将代码偏置设置到该坐标系。

(6) 导入机床系统控制文件。

(7) 建立仿真刀库。

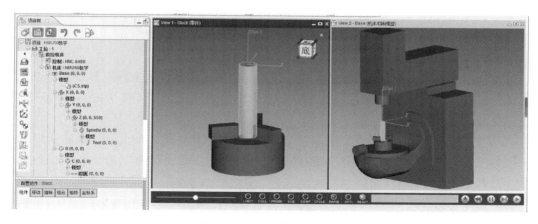

图 3.5.19　目录树导入模型

（8）导入加工 G 代码，运行仿真机床，检验程序。

6. 多轴加工中心的操作

加工中心的功能指令与数控铣床大致相同，可参见 3.4 节。加工中心的对刀操作所用的工具、量具及基本思路也与数控铣床相同，与数控铣床不同的是加工中心增加了刀库操作和多把刀具的 Z 轴设定。

加工中心手动操作、手轮操作、MDI 操作和数控铣床相同。加工中心对刀的具体工作就是建立工件坐标系和确定刀具长度补偿值。华中数控 8 型工件坐标系界面如图 3.5.20 所示，刀具长度补偿界面如图 3.5.21 所示。

图 3.5.20　工件坐标系界面　　　　　　　　　图 3.5.21　刀具长度补偿界面

刀具 Z 轴对刀与刀具在刀柄上的装夹长度、工件坐标系原点及机床坐标系原点位置有关。数控加工中心刀具较多，所以需要进行刀具预调，并记录在刀具明细表中，供数控加工中心操作人员使用。

三轴、四轴加工中心对刀的操作如下。

（1）选择一把刀具（也称为标准刀）进行对刀，把对刀后得到 X、Y 轴机床坐标分别填在 G54 中的 X、Y 轴数据中。

（2）用试切法分别测出各把刀具在机床坐标系中的 Z 方向数值。

（3）把记录的数值一一对应输入相应长度补偿值中，补偿分为形状补偿和磨耗补偿，记录值为形状补偿值。

特点:刀具之间相对独立,不存在相对关系,操作方便,这种方法得到了广泛的应用。

7. 五轴加工中心的操作

五轴加工中心有 RTCP 刀尖跟随功能,其控制逻辑是控制点轨迹和控制刀具姿态(刀长和刀具长度矢量),五轴加工中心对刀逻辑是将系统控制点记录到工件坐标系,将各把刀具长度记录在刀具补偿表中。

(1)用刀长的量仪测量各把刀的长度,也可以使用百分表或 Z 轴设定仪测量刀长。

(2)把记录的数值一一对应输入相应长度补偿值中,补偿分为形状补偿和磨耗补偿,记录值为形状补偿值。

(3)选择一把刀具(也称为标准刀)进行对刀,将对刀后得到 X、Y 轴机床坐标分别填在 G54 中的 X、Y 轴数据中。

(4)用试切法测出标准刀在机床坐标系的 Z 方向数值,填在 G54 中的 Z 轴数据中。

(5)在外部零点偏置的 Z 轴位置填入标准刀的负刀长值。

3.5.4　训练考核评价标准

多轴加工中心训练内容及考核评价标准如表 3.5.3 所示。

表 3.5.3　多轴加工中心训练内容及考核评价标准

序号	项目与技术要求	考核标准	满分值/分
1	基本操作	通过指导独立规范操作,得分大于 35 通过指导规范操作,偶有失误,得分 29～35 通过指导规范操作,能对错误部分进行修正,得分 24～29 在指导下,操作不熟练,多次出错,需反复改进,得分低于 24	40
2	工件边长 46±0.05	超差 10% 以内给 90% 的分;超差 10%～20%,给 80% 的分;超差大于 20%,不得分	10
3	表面粗糙度 Ra 1.6	超差 10% 以内给 90% 的分;超差 10%～20%,给 80% 的分;超差大于 20%,不得分	10
4	轴承孔深度 $11^{+0.05}_{-0.1}$	超差 10% 以内给 90% 的分;超差 10%～20%,给 80% 的分;超差大于 20%,不得分	10
5	同轴度 0.03	超差 10% 以内给 90% 的分;超差 10%～20%,给 80% 的分;超差大于 20%,不得分	5
6	工件高度 13±0.05	超差 10% 以内给 90% 的分;超差 10%～20%,给 80% 的分;超差大于 20%,不得分	5
7	安全实践	违者扣分	10
8	文明实践与"5S"执行	违者扣分	10

五轴加工中心训练内容及考核评价标准如表 3.5.4 所示。

表 3.5.4　五轴加工中心训练内容及考核评价标准

序号	项目与技术要求	考核标准	满分值/分
1	基本操作	通过指导独立规范操作,得分大于 35 通过指导规范操作,偶有失误,得分 29~35 通过指导规范操作,能对错误部分进行修正,得分 24~29 在指导下,操作不熟练,多次出错,需反复改进,得分低于 24	40
2	工件高度 13±0.05	超差 10% 以内给 90% 的分;超差 10%~20%,给 80% 的分;超差大于 20%,不得分	10
3	表面粗糙度 Ra 1.6	超差 10% 以内给 90% 的分;超差 10%~20%,给 80% 的分;超差大于 20%,不得分	10
4	S 顶宽 4±0.03	超差 10% 以内给 90% 的分;超差 10%~20%,给 80% 的分;超差大于 20%,不得分	10
5	S 底宽 13±0.03	超差 10% 以内给 90% 的分;超差 10%~20%,给 80% 的分;超差大于 20%,不得分	10
6	安全实践	违者扣分	10
7	文明实践与"5S"执行	违者扣分	10

思考题

1. 高速高精加工工艺有什么特点? 在工业生产有哪些应用?
2. 五轴加工中刀路驱动有哪些策略?
3. 在多轴加工前,为什么要做加工仿真?

3.6　数控磨削加工训练

磨削是采用由大量磨粒制成的砂轮对工件表面进行切削加工的方法。磨削加工是零件精加工的主要方法之一。磨削的加工精度一般可达 IT5～IT6。表面粗糙度 Ra 值为 $0.1～0.8~\mu m$,高精度磨削加工精度可超过 IT5,表面粗糙度 Ra 值可达 $0.05~\mu m$。磨削加工广泛应用于机械加工中,如图 3.6.1 所示,利用各种不同类型的磨床可分别磨削外圆、内孔、平面、沟槽、成形面(齿形和螺纹等),还可以刃磨各种刀具、工具、量具。此外,磨削加工还可以用于毛坯的预加工和毛坯清理等粗加工工作。

扫码学习
数字资源

3.6.1　训练目标、内容及要求

1. 训练目标

通过让学生熟悉磨床的加工特点、分类、组成、操作方法,了解数控外圆磨床加工方法,

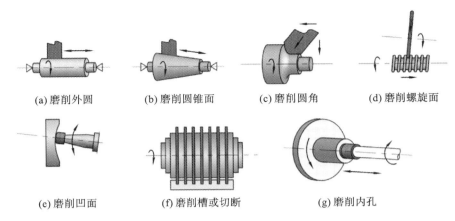

(a) 磨削外圆　　(b) 磨削圆锥面　　(c) 磨削圆角　　(d) 磨削螺旋面

(e) 磨削凹面　　(f) 磨削槽或切断　　(g) 磨削内孔

图 3.6.1　磨削加工实例

熟悉砂轮的组成基本知识,使学生具备以下基本技能:

(1) 掌握数控外圆磨床的手工指令编程方法;

(2) 具备操作数控外圆磨床、加工轴类外圆零件的能力。

2. 训练内容

(1) 学习磨床的特点、加工范围及应用,学习安全注意事项;

(2) 学习磨床的种类、结构、加工范围;

(3) 学习外圆磨削加工工艺,将毛坯为 $\phi40$ mm×160 mm 的圆棒料磨至 $\phi39.900\pm0.005$ mm,表面粗糙度 Ra 值为 0.8 μm,如图 3.6.2 所示。

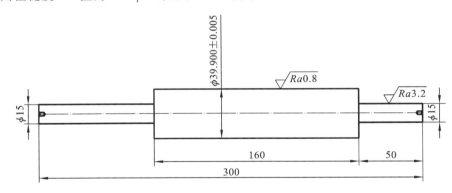

图 3.6.2　加工实例

本项目使用的毛坯为直径 $\phi40$ mm 的 45 钢。装夹工件时,注意工件伸出长度,采用试切法对刀。加工工艺和参数如下。

粗磨:以快速切除毛坯余量为目的,切削深度 0.05 mm,进给量 500 mm/min,主轴转速 1460 r/min。

半精磨:把粗加工后的残留加工面加工平滑,在工件加工面上留下比较均匀的加工余量,为精加工提供最佳加工条件,切削深度 0.03 mm,进给量 400 mm/min,主轴转速 1460 r/min。

精磨:保证最终尺寸精度和表面质量,切削深度 0.03 mm,进给量 300 mm/min,主轴转速 1460 r/min。

光磨:精磨后,不进刀继续磨削工件,目的是消除进刀时的弹性变形产生的让刀量,切削深度 0 mm,进给量 300 mm/min,主轴转速 1460 r/min。

本项目使用的辅助工具仪器有数显游标卡尺(0~150 mm)、粗糙度检测仪。

3.训练安全注意事项

(1) 开机前检查电压、油压是否正常,磨床是否处于正常状态;

(2) 程序输入后,要认真核对;

(3) 首件加工中,在砂轮快速趋近工件时,要选择单段减小倍率,检查运行是否正常;

(4) 磨床运行中,要观察磨床,一旦出现异常情况要及时按下"砂轮回退"按键。

3.6.2　训练设备

1.数控磨床

数控磨床由数控系统和磨床本体两大部分组成。训练用核心设备以数控改造型的 M1420 型万能外圆磨床为主,如图 3.6.3 所示,其中 M 表示磨床类,1 表示外圆磨床,4 表示万能外圆磨床,20 为磨床的主参数,表示最大磨削直径的 1/10,即最大磨削直径为 200 mm;它由床身、工作台、头架、尾架、砂轮架、电气控制系统、冷却液控制系统、液压系统等组成。其主运动为砂轮的旋转运动,进给运动有工作台的往复运动、工件的旋转运动和砂轮的横向运动。磨床本体由磨床机械部件及电路、液压、气动、润滑和冷却系统等组成。数控磨床一般都配有砂轮修调装置。

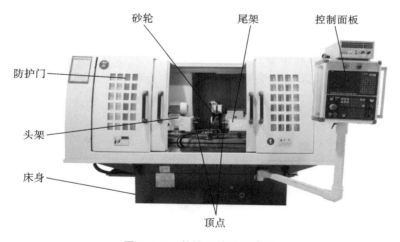

图 3.6.3　数控万能外圆磨床

数控系统主要由数控装置(包括内置 PLC)、进给伺服系统、主轴伺服系统等部分组成。进给伺服系统由进给驱动伺服单元和进给电动机组成。主轴伺服系统由主轴驱动单元和主轴电动机组成。螺纹磨床主轴上必须安装主轴编码器,以保证在磨削螺纹时,主轴与进给轴同步。数控系统按是否有位置检测装置分为开环控制和闭环控制。数控磨床多采用闭环控制。数控系统控制磨床的磨削运动和顺序逻辑动作。磨床的顺序逻辑动作是数控系统通过 PLC,根据磨床制造厂编制的磨床顺序逻辑控制程序来实现的。另外,磨床制造厂还可设置磨床的固有参数,使通用的数控系统个性化,实现数控系统与磨床的有机结合。数控系统控制磨床对工件的磨削运动和特定的顺序动作,是通过运行由磨床用户编制的零件加工程序来实现的。所以,零件加工程序也是数控磨床不可缺少的重要组成部分。

2. 砂轮

磨削用的砂轮是由许多细小而坚硬的磨粒用结合剂黏结,经压制、烧结、修整制成的多孔物体,如图 3.6.4 所示。这些锋利的磨粒就像铣刀的切削刃,每一磨粒都有切削刃,在砂轮高速旋转的条件下,切入零件表面,故磨削是一种多刃、微刃切削过程。砂轮的组织结构松紧程度由磨料、结合剂和气孔三者所占体积的比例决定,分为紧密、中等和疏松 3 大类 16 级(0~15)。为了适应不同类型磨床磨削各种形状和尺寸的工件的需要,需要注意砂轮的磨料与特性、砂轮的形状与用途、砂轮的安装与修整。

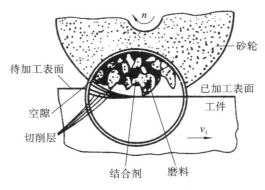

图 3.6.4 砂轮的构成

砂轮中的结合剂起黏结作用,它的性能决定了砂轮的强度、耐冲击性和耐热性。此外,它对磨削温度、磨削表面质量也有一定的影响。常用的结合剂有陶瓷结合剂、树脂结合剂、橡胶结合剂等。

砂轮的硬度是指结合剂黏结磨粒的牢固程度,也指磨粒在切削力作用下从砂轮表面脱落的难易程度,与磨料硬度无关。磨粒易脱落,砂轮表面硬度低,反之则砂轮表面硬度高。硬度分 7 大级(超软、软、中软、中、中硬、硬、超硬)16 小级。

3. 数控磨床操作面板

以华中数控 HNC-808xpG 系统为例说明数控磨床操作面板,数控磨床装置面板如图3.6.5所示。HNC-808xpG 数控装置操作面板可分为如下几个功能区:机床操作面板(MCP

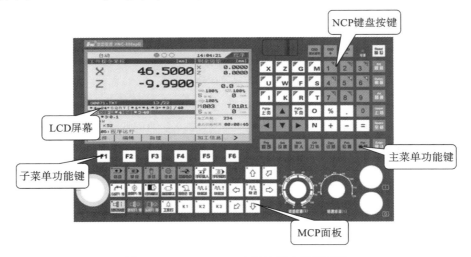

图 3.6.5 HNC-808xpG 数控磨床装置面板

面板)、NCP 键盘按键、主菜单功能键(七个)、子菜单功能键(F1~F6)、显示器(LCD)。

3.6.3　训练要点及操作步骤

1. 外圆磨削工件装夹方法

1)　前、后顶尖装夹

装夹时,利用工件两端的中心孔,把工件支承在前、后顶尖之间,如图 3.6.6 所示,工件由头架拨盘和拨杆带动夹头旋转。这种方法的特点是安装方便,定位精度高,但对中心孔的要求高。磨削加工采用固定顶尖(俗称死顶点),顶尖不旋转,定位精度高。由于中心孔加工的深度不同,工件安装的位置将受影响,当同时磨削轴肩和外圆时,要对工件的位置进行修整。

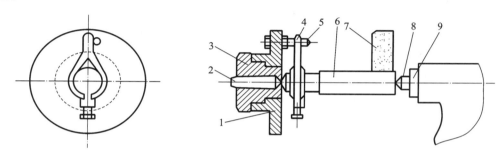

图 3.6.6　顶尖安装

1—拨盘;2—前顶尖;3—头架主轴;4—鸡心夹头;5—拨杆;6—工件;7—砂轮;8—后顶尖;9—尾座套筒

当用双顶尖孔装夹时,可以加工偏心零件。

2)　用三爪自定心卡盘或四爪单动卡盘装夹

(1)用三爪自定心卡盘装夹　三爪自定心卡盘能自动定心,工件装夹后一般不需找正,但在加工同轴度要求较高的工件时,也需逐件找正。它适用于装夹外形规则的零件,如圆柱形、正三角形、正六边形等工件。当其中一爪用垫片、偏心轴或偏心套装夹时,可以加工偏心零件(包括曲轴)。

(2)用四爪单动卡盘装夹　由于四爪单动卡盘的四个卡爪各自独立运动,可以将旋转轴线调整到与磨床主轴旋转轴线重合,所以,可以加工不规则零件或偏心零件。

3)　用一夹一顶装夹

零件一端用卡盘装夹,另一端用后顶尖顶住。这种方法装夹工件牢固、刚度大。

4)　用心轴或堵头装夹

当磨削套类零件,且要求保证内外圆同轴度时,可用心轴或堵头装夹。心轴可选用台阶式心轴、小锥度心轴、胀力心轴等,装夹时要保证工件内孔与心轴的配合精度。堵头装夹适用于较长的空心工件,这时,端面的结合面精度要高。当工件两端孔径较大时,可用法兰盘式堵头。

装夹薄壁工件时,可用开口套装夹,再用三爪自定心卡盘装夹,或用花盘装夹。薄壁圆盘类工件可装夹在花盘上,采用端面压紧方法,工件不易变形;或根据被加工零件的特点设计制作专用夹具夹紧。

5)　用偏心夹盘装夹

用偏心夹盘装夹工件时,偏心距可以调整。

2. 数控外圆磨床常用指令

下面以华中数控 HNC-808xpG 系统为例,介绍数控磨床的指令字符。

1) 准备功能 G 指令

准备功能 G 指令由 G 和一或二位数字组成,它用来规定刀具和工件的相对运动轨迹、机床坐标系、坐标平面、刀具补偿、坐标偏置等多种加工操作。

2) 辅助功能 M 指令

辅助功能由地址符 M 和其后的一或二位数字组成,主要用于控制零件程序的走向,以及机床各种辅助功能的开关动作。M 指令有模态和非模态两种形式。模态 M 指令组包含一个缺省功能,系统上电时将被初始化为该功能。

3) 主轴转速功能 S 指令

主轴转速功能 S 指令用来指定主轴转速或限速。旋转方向和主轴运动的起点和终点由 M 指令规定。在数控磨床上加工时,只有在主轴启动之后,砂轮才能进行磨削加工。

4) 进给功能 F 指令

F 指令表示工件被加工时刀具相对工件的合成进给速度,F 的单位取决于 G94(每分钟进给量,mm/min)或 G95(速度轴每转一转刀具的进给量,mm/r)。

5) T 指令

在磨床上,T 指令用于选刀和换刀,其后的 4 位数字中前两位数字表示刀具号,后两位数字表示刀具补偿号,针对不同磨床会略有不同。

6) 快速定位 G00

格式:G00 X(U)_Z(W)_

说明:X、Z 为绝对编程时,快速定位终点在工件坐标系中的坐标;U、W 为增量编程时,快速定位终点相对于起点的位移量。

7) 线性进给 G01

格式:G01 X(U)_ Z(W)_ F_

说明:X、Z 为绝对编程时,终点在工件坐标系中的坐标值;U、W 为增量编程时,终点相对于起点的位移量;F 为合成进给速度。

8) 纵磨指令

格式:G76 X (U)_Z(W)_R_E_F_P_ A_D_O_

3. 数控外圆磨床基本操作

数控外圆磨床基本操作包括开机、关机、返回机床参考点、紧急操作、手动操作、MDI 操作、程序编辑与管理、对刀操作、运行加工程序等步骤。

3.6.4　训练考核评价标准

数控磨削加工训练内容及考核评价标准如表 3.6.1 所示。

表 3.6.1　数控磨削加工训练内容及考核评价标准

序号	项目与技术要求	考核标准	满分值/分
1	安全及规范操作(工件刀具装夹、加工和测量操作)	视现场情况酌情评分	60
2	正确编写数控磨削程序	视程序校验情况酌情评分	10

续表

序号	项目与技术要求	考核标准	满分值/分
3	直径 $\phi 390.900 \pm 0.005$ mm	超差 5% 以内给 90% 的分；超差 5%～10%，给 80% 的分；超差 10%～15%，给 60% 的分；超差大于 15%，不给分	15
4	表面粗糙度 $Ra\ 0.8$	超差 5% 以内给 90% 的分；超差 5%～10%，给 80% 的分；超差 10%～15%，给 60% 的分；超差大于 15%，不给分	15

思考题

1. 试述数控磨削加工的工艺特点及其在生产上的应用。
2. 简述数控磨削砂轮的组成。

3.7　工业机器人基础应用训练

　　机器人是机构学、控制论、电子技术及计算机等现代科学综合应用的产物，国际标准化组织（ISO）为机器人做出的定义是：机器人是一种自动的、位置可控的、具有编程能力的多功能操作机。工业机器人是机器人中的一种，是广泛应用于工业领域的多关节机械手或多自由度的机器装置，它能自动执行工作，是靠自身动力能源和控制能力来实现各种功能的一种

扫码学习
数字资源

机器。工业机器人可以替代人在危险、有害、有毒、低温和高热等恶劣环境中工作，还可以替代人完成繁重、单调的重复劳动。工业机器人作为智能制造的重要装备，在智能制造众多领域均得到了规模化的集成应用，极大地提高了生产效率和产品质量，降低了生产和劳动力成本。

3.7.1　训练目标、内容及要求

1. 训练目标

（1）了解工业机器人的概念和典型应用场景。

（2）了解工业机器人系统操作和设定的方法，具备使用示教器查看状态、设定参数、手动操作工业机器人运动、标定坐标系的能力。

（3）了解工业机器人基本的编程指令、程序结构以及编程与调试的方法，具备正确编写工业机器人轨迹规划和搬运码垛等典型应用控制程序的能力。

2. 训练内容

（1）工业机器人基本操作训练：手动操作示教器查看工业机器人的状态、设定工业机器人的运动参数，并在轴坐标系和笛卡儿坐标系下熟练操作工业机器人。

（2）工业机器人坐标系标定训练：对图 3.7.1 所示的工具进行工具坐标系标定，对写字板左、右两侧进行基坐标系的标定。

图 3.7.1　坐标系标定训练项目

（3）工业机器人轨迹规划编程训练：利用坐标系标定和切换，通过示教编程，在写字板右侧空白处写出左侧的字母，如图 3.7.2 所示。

（4）工业机器人搬运码垛编程训练：编程实现把图 3.7.3 所示料仓上的工件搬运到工件台上，并实现料仓对应位置有工件才搬运、无工件不搬运的功能。

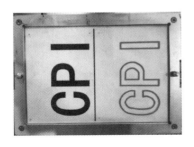

图 3.7.2　轨迹规划编程训练项目

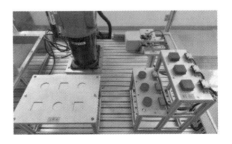

图 3.7.3　搬运码垛编程训练项目

3. 训练安全注意事项

（1）操作机器人前，确认急停键可以正常工作，并确保所有人员处在安全的位置。

（2）运行中，始终从机器人前方观察，若机器人发生未预料的动作要立马按下急停键，并进行躲避。

（3）手动移动工业机器人的速度建议控制在 30% 以下；当工具靠近工件时，建议将速度降到 3% 以下。

（4）自动运行程序前，必须确认机器人各程序点正确，先低速（≤10%）手动单步运行到程序末点，确认运动无误后，方可采用自动模式；以低速（≤10%）自动运行一遍后，方可采用高速自动运行模式。

3.7.2　训练设备

工业机器人基础应用实训平台包含工业机器人理实一体化工作站（见图 3.7.4）和工业机器人多功能应用工作站（见图 3.7.5）。

图 3.7.4　工业机器人理实一体化工作站

图 3.7.5　工业机器人多功能应用工作站

1. 工业机器人理实一体化工作站

如图 3.7.4 所示，工业机器人理实一体化工作站由工业机器人控制系统、离线编程与虚拟仿真系统、示教器和工作站等相关软硬件组成。学生可以通过此工作站模拟工业机器人的基本操作；还可以模拟机器人上下料、打磨、喷涂、焊接加工等典型应用场景，并进行离线编程与运动仿真。

2. 工业机器人多功能应用工作站

如图 3.7.5 所示,工业机器人多功能应用工作站集成了具有现代工业特征的工业机器人主流应用场景,包含 1 台六关节工业机器人、1 个夹具快换平台、1 套轨迹规划实训模块、1 套搬运码垛实训模块、1 套机器人视觉模块,可开展轨迹规划编程训练、搬运码垛编程训练、夹具更换编程训练、视觉分拣编程训练,还可以与工业机器人理实一体化工作站相结合开展离线编程训练。

3.7.3　训练要点及操作步骤

1. 示教器认知与操作

1) 示教器认知

示教器一般通过电缆连接到机器人电柜上,作为上位机通过以太网接口与控制器进行通信;示教器提供一些操作键、按钮、开关等,为用户编写程序、设定变量提供一个良好的操作环境。示教器的主要功能为:手动操作机器人运动、机器人程序示教编程、机器人程序自动运行、机器人运行状态监控、机器人系统参数设置。

本训练项目使用的是 Hspad 示教器,其采用触摸屏＋周边按键的操作方式,并且内置 Hspad 软件。Hspad 示教器外观如图 3.7.6 所示,操作界面如图 3.7.7 所示。

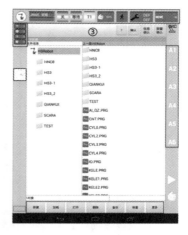

图 3.7.6　示教器外观　　　　　　　　　图 3.7.7　示教器操作界面

2) 示教器基本操作

示教器基本操作训练包含切换运行模式、调整运行倍率、切换使能状态、选择工具坐标系和基坐标系、选择机器人运动坐标模式、用运行键进行与轴相关的移动、用运行键按直角坐标移动以及选择程序运行方式 8 个项目。

2. 坐标系认知与标定

1) 坐标系认知

坐标系是为确定机器人的位置和姿态而在机器人或空间上定义的位置指标系统。坐标系分为轴坐标系和直角坐标系两大类。

轴坐标系也称关节坐标系,是设定在机器人各轴中的坐标系,轴坐标系中机器人的位置和姿态以各轴底座侧的轴坐标系为基准而确定。轴坐标系为机器人单个轴的运行坐标系,可针对单个轴进行操作。如图 3.7.8 所示,六关节机器人六个轴分别为 A1、A2、A3、A4、A5、A6。

直角坐标系也称笛卡儿坐标系,通过从空间上的直角坐标系原点到工具侧的直角坐标系原点的坐标值 X、Y、Z 和空间上相对 X 轴、Y 轴、Z 轴周围的工具侧的直角坐标系的回转角 A、B、C 定义,如图 3.7.9 所示。机器人中默认坐标系、世界坐标系、基坐标系以及工具坐标系都是直角坐标系,如图 3.7.10 所示。

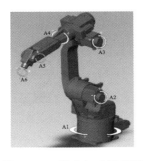
图 3.7.8　轴坐标系示意图

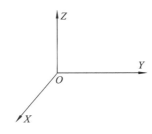
图 3.7.9　直角坐标系示意图

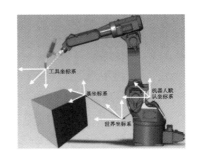
图 3.7.10　机器人各直角坐标系

2) 坐标系标定

(1) 工具坐标系标定:工具坐标系在使用前,一般需进行标定,工具坐标系标定有 4 点法标定和 6 点法标定两种方法。如图 3.7.11 所示,工具坐标系 4 点法标定就是将待测量工具中心点(TCP)从 4 个不同方向移向同一个参照点,机器人控制系统从不同的法兰位置值中计算出 TCP 的坐标。

(2) 基坐标系标定:基坐标系采用 3 点法标定,即记录图 3.7.12 所示工件平面的原点、X 方向、Y 方向的 3 点,重新设定新的基坐标系。

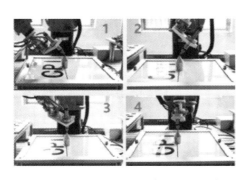
图 3.7.11　工具坐标系 4 点法标定示意图

图 3.7.12　基坐标系 3 点法标定示意图

3. 程序示教与调试

1) 程序基本操作

在对机器人进行编程前,需要先熟悉机器人程序的相关操作。机器人程序基本操作有新建程序、打开程序、编辑程序、加载程序和运行程序,其中,打开程序是为了编辑程序,而加载程序是为了运行程序。

2）常用编程指令

（1）运动指令。

运动指令实现以指定速度、特定路线模式等将工具从一个位置移动到另一个指定位置。在使用运动指令时需指定动作类型、位置数据、进给速度、定位路径、指令参数。机器人的运动指令有三种：MOVE、MOVES 和 CIRCLE。

MOVE 指令基于轴的运动，其运动路径通常是非线性的，工具在两个指定点之间沿着最快的路径向目标点运动，如图 3.7.13 所示。

MOVES 指令的功能是以机器人当前位置为起点，在笛卡儿空间范围内，使工具按照指定的速度沿着直线运动到目标点，如图 3.7.14 所示。

CIRCLE 指令的功能是以机器人当前位置为起点，在笛卡儿空间范围内，使工具进行圆弧轨迹运动，其中，CIRCLEPOINT 是圆弧中间某一点，TARGETPOINT 是圆弧终点，如图 3.7.15 所示。

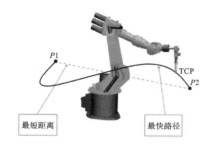 

图 3.7.13　MOVE 运动指令　　　图 3.7.14　MOVES 运动指令　　　图 3.7.15　CIRCLE 运动指令

（2）延时指令。

延时指令包括针对运动指令的 DELAY 指令和针对非运动指令的 SLEEP 指令两种。DELAY 指令针对指定运动对象在运动完成后的延时时间，单位为 ms，最小延时时间为 2；SLEEP 指令针对延时程序（任务）的执行间隔时间，单位为 ms，最小延时时间为 1。

（3）条件指令。

条件指令用于机器人程序中的运动逻辑控制，包括 IF…THEN…END IF、WHILE…END WHILE 等。

IF…THEN…END IF 的含义是"如果……成立，则……"，用来控制程序在某条件成立的情况下执行相应的操作。

WHILE…END WHILE 用来循环执行包含在其结构中的指令块，直到条件不成立时结束循环。

（4）流程指令。

流程指令用来控制程序的执行顺序，控制程序从当前行跳转到指定行去执行。本训练项目会用到程序跳转指令 CALL。CALL 指令调用由 SUB……END SUB 关键字定义的子程序，将程序控制转移到子程序的第一行，并执行子程序；当子程序执行到程序结束指令 END 时，程序控制会迅速返回主程序中的子程序调用指令的下一条指令。

（5）IO 指令。

IO 指令包括了 D_IN 指令、D_OUT 指令、WAIT 指令等。本训练项目会用到 D_IN 指令、D_OUT 指令。D_IN 和 D_OUT 指令可用于给当前 IO 赋值为 ON 或者 OFF，也可用于在 D_IN 和 D_OUT 之间传值。

（6）寄存器指令。

本实训平台的机器人中预先定义了几组不同类型的寄存器，包括整型的 IR 寄存器、浮点型的 DR 寄存器、笛卡儿坐标类型的 LR 寄存器、关节坐标类型的 JR 寄存器。在程序中使用寄存器指令时，用户需预先手动设置各寄存器的值。例如，在手动示教时，将示教点位手动保存在 LR 或 JR 寄存器中，编程时可直接使用。

4．轨迹规划操作与编程

轨迹规划是工业机器人应用编程中非常重要的内容，本训练项目以机器人写字编程为例，让学生了解如何开展轨迹规划示教编程，使学生能更加深入地掌握运动指令编程的方法、程序示教和调试的方法。

要完成轨迹规划的示教编程，需经过 3 个主要环节，包括运动规划、示教前的准备、示教编程与调试。

1）运动规划

机器人写字动作可分解为移到写字板上方、移到贴近写字板、在写字板上下笔、抬笔到安全位置等一系列动作。以空心字母"D"为例，其运动路径分解如图 3.7.16 所示。

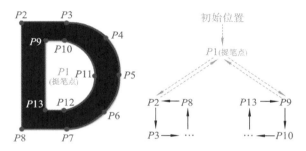

图 3.7.16　轨迹规划编程运动路径分解示例

2）示教前的准备

在对机器人进行写字轨迹规划示教编程之前，需要构建必要的编程环境，标定工具坐标系和基坐标系。在本训练项目中，需要先标定写字笔的工具坐标系和写字板左、右两侧的两个基坐标系。在示教前，必须先设定好运动坐标模式、运行模式及相应的工具坐标系和基坐标系。

3）示教编程与调试

为了使机器人写字过程能够再现，必须对机器人的运动轨迹规划和动作编程。利用工业机器人的手动控制功能完成写字动作，并记录机器人的动作。程序编写完成后，还需要先调试程序，以保证程序的正常运行。

4）参考程序

针对上述空心字母"D"外轮廓的参考程序如下：

```
MOVE ROBOT P1      //起笔上方或提笔点
MOVES ROBOT P2     //第 1 笔起笔
MOVES ROBOT P3
CIRCLE ROBOT CirclePoint=P4 TargetPoint=P5
CIRCLE ROBOT CirclePoint=P6 TargetPoint=P7
```

```
MOVES ROBOT P8
MOVES ROBOT P2    //第 1 笔笔尾
MOVES ROBOT P1    //提笔点
```

5. 搬运码垛操作与编程

本训练项目通过搬运码垛程序的示教编程,实现工件的搬运码垛过程,使学生深刻了解运动指令、I/O 指令、延时指令、条件指令,并在使用这些指令的过程中,熟悉位置数据、定位路径的设置方法。

1)运动规划

机器人搬运动作可分解为移至工件上方、移动贴近工件、打开吸盘夹取工件、移动吸盘抬起工件、移动到放置点、放置工件等一系列动作。如图 3.7.17 所示,把料仓 A 处的工件搬运到工作台 1 处,对应的运动可分解成 5 个运动点位和 9 条动作指令。

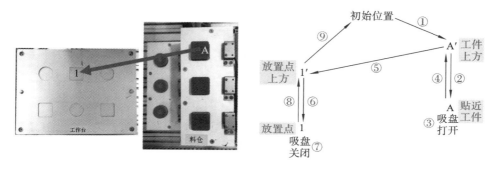

图 3.7.17　搬运码垛运动规划示例

2)示教前的准备

本训练项目需使用气动吸盘来吸取和放置工件,因此,要在示教前完成气动吸盘打开和关闭的信号配置。假设使用 D_OUT[31]进行气动吸盘打开和关闭的信号配置,D_OUT[31]＝ON 表示气动吸盘打开,能够夹取工件;D_OUT[31]＝OFF 表示气动吸盘关闭,放下工件。此外,本训练项目还要求料仓对应位置有工件才搬运、无工件不搬运,这就需要结合料仓工件处的光电传感器实现有无工件的判断,光电传感器的判断值可以写入 IR 寄存器中,以便程序编辑。假设使用 IR[15]寄存器的值来表示料仓 A 处有无物料,则 IR[15]＝0 表示料仓 A 处无物料,不需要执行搬运程序;IR[15]＝1 表示料仓 A 处有物料,需要执行搬运程序。

3)参考程序

"把料仓 A 处的工件搬运到工作台 1 处"的参考程序如下:

```
IF IR[15]=1 THEN
    MOVES ROBOT P1    //A′,工件上方
    MOVES ROBOT P2    //A,贴近工件
    DELAY ROBOT 1000
    D_OUT[31]=ON      //气动吸盘打开,吸取工件
    SLEEP 1000
    MOVES ROBOT P1    //A′,工件上方
    MOVES ROBOT P3    //1′,放置点上方
    MOVES ROBOT P4    //1,放置点
```

```
DELAY ROBOT 1000
D_OUT[31]=OFF        //气动吸盘关闭,放置工件
SLEEP 1000
MOVES ROBOT P3       //1′,放置点上方
END IF
```

3.7.4　训练考核评价标准

工业机器人基础应用训练内容及考核评价标准如表 3.7.1 所示。

表 3.7.1　工业机器人基础应用训练内容及考核评价标准

序号	项目及技术要求	考核标准	满分值/分
1	基本操作正确	发生机器人碰撞事故,每处扣 10 分 未按照规范或工艺流程操作,每处扣 5 分	40
2	工具坐标系标定正确	错误,扣 5 分	5
3	基坐标系标定正确	错误,扣 5 分	5
4	实现写字轨迹示教再现	少完成一个字,扣 5 分;字迹不清晰、不完整,每处扣 1 分	15
5	实现搬运码垛程序功能	少完成一个工件搬运,扣 5 分;取工件前提前打开真空吸盘、放工件前提前关闭真空吸盘、料仓对应位置无物料但仍执行搬运程序,每处扣 2 分	15
6	安全实践	违者扣分	10
7	文明实践与"5S"执行	违者扣分	10

思考题

1.若工业机器人要在曲面上进行连续轨迹的作业(比如对车身某些连接部位进行焊接),应如何操作?

2.如何示教编程实现把工件台上的工件搬运到料仓空仓位(在料仓某些仓位随机放置工件)?

3.8　工业机器人结构与装调训练

工业机器人是广泛用于工业领域的多关节机械手或多自由度的机器装置,它能自动执行工作,是靠自身动力能源和控制能力来实现各种功能的一种机器。虽然工业机器人的形态各异,但其本体都是由若干关节和连杆通过不同的结构设计和机械连接所组成的机械装置。工业机器人按照机械结构可分为多关节机器人、平面多关节机器人、并联机器人、直角坐标机器人、圆柱坐标机器人等几大类。

扫码学习
数字资源

3.8.1　训练目标、内容及要求

1. 训练目标

（1）了解工业机器人的概念、分类、机械结构组成及特点。

（2）了解工业机器人的传动方式及核心零部件的工作原理。

（3）了解工业机器人装配方法和工艺知识，并具备装配工业机器人机械部件模块化的能力。

（4）了解工业机器人调测方法和工艺要点，并具备对工业机器人进行基础调测的能力。

2. 训练内容

（1）工业机器人结构认知训练。

（2）六关节工业机器人装配训练：按照图 3.8.1 所示的工业机器人 A6～A3 轴的结构爆炸图，动手拆卸工业机器人 A6～A3 轴；把拆完的工业机器人按照装配工艺要求，装配恢复成原样，通电确认并调整各轴至功能正常。

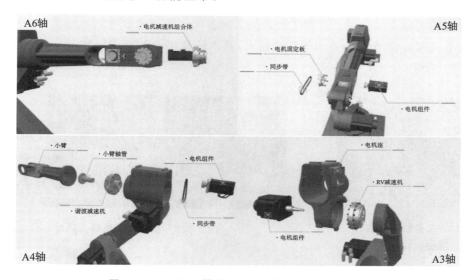

图 3.8.1　工业机器人 A6～A3 轴拆卸结构爆炸图

（3）六关节工业机器人调测训练：对装配好的工业机器人进行初步调试，包含机械零点校准和软限位设置两部分；对调试好的工业机器人进行重复定位精度检测。本实训平台工业机器人各轴的零点角度及软限位要求如表 3.8.1 所示。

表 3.8.1　工业机器人各轴机械零点角度及软限位要求

轴	机械零点位置	软限位	
		负	正
轴 A3	180°	80°	240°
轴 A4	0°	−180°	180°
轴 A5	90°	−115°	115°
轴 A6	0°	−360°	360°

3. 训练安全注意事项

（1）工业机器人拆装过程中应握牢零部件，避免零部件掉落，砸伤操作人员。

（2）线缆连接符合设备要求。

（3）正确使用拆装工具。

3.8.2　训练设备

工业机器人结构与装调实训平台包含工业机器人核心零部件认知平台、典型工业机器人认知平台、工业机器人机械装调平台、工业机器人机械装调虚拟仿真系统。

1. 工业机器人核心零部件认知平台

工业机器人核心零部件认知平台包含伺服电动机、伺服驱动器、谐波减速机、RV 减速机、控制器以及示教器，如图 3.8.2 所示。

2. 典型工业机器人认知平台

典型工业机器人认知平台包含 1 台六关节机器人、1 台 Delta 并联机器人、1 台 SCARA 平面多关节机器人、1 台桁架直角坐标机器人，基本涵盖了工业应用中常见工业机器人的典型结构形态，如图 3.8.3 所示。

图 3.8.2　工业机器人核心
零部件认知平台

图 3.8.3　典型工业机器人认知平台

3. 工业机器人机械装调平台

工业机器人机械装调平台由 1 台工业机器人和 2 个装配桌组成，如图 3.8.4 所示。其中，1 号装配桌用于放置拆卸下来的螺钉和零部件，2 号装配桌用于放置工具及转台。

图 3.8.4　工业机器人机械装调平台

3.8.3　训练要点及操作步骤

1. 工业机器人结构与功能认知

1）工业机器人系统组成

工业机器人系统组成主要包含机器人本体、连接线缆、控制柜和示教器四个部分，如图 3.8.5 所示。

机器人本体是工业机器人的机械主体，是用来完成规定任务的执行机构，包含机械臂、驱动装置、传动装置及传感器；控制柜用来控制工业机器人按规定要求动作，是机器人的关键和核心部分；示教器是工业机器人的人机交互接口，点动机器人、程序编写、测试、运行等均可通过示教器操作。

2）工业机器人的结构组成

工业机器人一般由三个部分六个子系统组成，如图 3.8.6 所示。机械部分包括工业机器人的机械结构系统和驱动系统，是工业机器人的基础，其结构决定了机器人的用途、性能和控制特性；传感部分包括工业机器人的感受系统和机器人-环境交互系统，是工业机器人的信息来源，能够有效获取内外部信息来指导机器人的操作；控制部分包括工业机器人的人机交互系统和控制系统，是工业机器人的核心，决定了生产过程的加工质量和效率，便于操作人员及时准确地获取作业信息，按照加工需求对驱动系统和执行机构发出指令信号并进行控制。

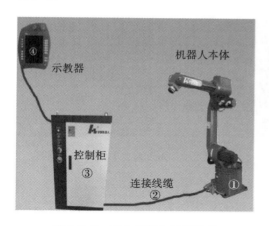

图 3.8.5　工业机器人系统组成

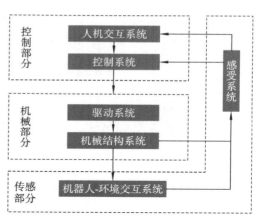

图 3.8.6　工业机器人结构组成

3）工业机器人核心零部件

工业机器人有三大核心零部件，分别是减速机、伺服系统和控制系统；这三大核心零部件决定了机器人的精度、稳定性、负载能力等核心性能指标。减速机、伺服系统和控制系统的成本占整个机器人总成本的 70%，其中减速机的成本占总成本的 1/3 以上。

（1）伺服系统。

"伺服"指系统跟随外部指令进行期望的动作。伺服系统是工业机器人的动力系统，一般安装于机器人的关节处，是机器人运动的心脏，给机器人各关节动作提供原动力。本训练项目使用的六关节机器人采用的是电动驱动的方式，其伺服系统包含交流伺服电动机和交流伺服驱动器两大部分。

（2）减速机。

在工业机器人中,减速机是连接机器人动力源和执行机构的中间装置,是保证工业机器人实现到达目标位置精确度的核心部件。通过合理地选用减速机,可精确地将机器人动力源转速降到工业机器人各部位所需要的速度。

目前应用于工业机器人的减速机主要有三类:谐波减速机、RV 减速机和摆线针轮减速机。而关节机器人主要采用谐波减速机和 RV 减速机。在关节机器人中,由于 RV 减速机具有更大的刚度和更高的回转精度,一般将 RV 减速机放置在基座、大臂、肩部等重负载的位置,而将谐波减速机放置在小臂、腕部和手部等轻负载的位置。

2. 装调工具使用方法

如图 3.8.7 所示,工业机器人机械装调平台 2 号装配桌上放置有常用的工具,最常用的就是内六角扳手和预制式力矩扳手。

1）内六角扳手

内六角扳手主要用于有六角插口的螺钉,通过扭矩施加对螺钉的作用力,降低使用者的用力强度。使用内六角扳手时,应先将六角头插入内六角螺钉的六方孔中,用左手下压并保持两者的相对位置;右手转动扳手,带动内六角螺钉紧固或松开。针对最常见的右螺纹螺钉,使用内六角扳手时,逆时针方向是拧松,顺时针方向是拧紧。如图 3.8.8 所示,内六角扳手有 L 形和 T 形两种,T 形内六角扳手可用来拧深孔中的螺钉。

图 3.8.7　工业机器人机械装调工具

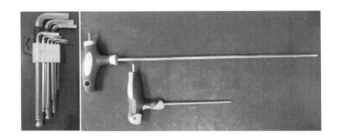

图 3.8.8　内六角扳手

2）预制式力矩扳手

在紧固螺纹紧固件时需要控制施加的力矩大小,以保证螺纹紧固且不致因力矩过大而破坏螺纹,此时就需要用到预制式力矩扳手,如图 3.8.9 所示。使用预制式力矩扳手时,需根据工件所需力矩值要求,确定预设力矩值;预设力矩值时,将扳手手柄上的锁定环下拉,同时转动手柄,调节标尺主刻度线和微分刻度线数值至所需力矩值;调节好后,松开锁定环,手柄自动锁定;在扳手方榫上装上相应规格套筒,并套住紧固件,再在手柄上缓慢用力,施加外力时必须按标明的箭头方向,当听到"咔嗒"声时,停止加力,作业完毕。

3. 工业机器人装配方法和工艺知识

1）常见工业机器人装配工艺

本训练项目涉及零件清洗与防护、螺纹连接的装配与拆卸、带传动的装配与拆卸、齿轮传动机构的装配、气压传动装配、线缆连接和拆卸等内容。

（1）零件清洗与防护。

清洗的主要目的是清除零件表面或部件中的油污或机械杂质。本训练项目中可简化零

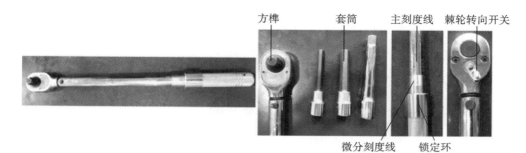

图 3.8.9　预制式力矩扳手

部件的清洗过程,拆卸时要注意零部件的清洁,拆卸后把零部件放置到干净的地方,装配时把零件擦拭干净即可。

防护的目的在于控制金属制品的金属材料因腐蚀而引起的消耗,防止金属制品被破坏,从而延长其使用寿命。

(2) 螺纹连接的装配与拆卸。

螺纹连接是由带螺纹的零件和被连接件组成的,是最常见的零件固定连接方式。在本训练项目中,主要用的螺纹连接是螺钉连接。螺钉连接装配与拆卸时应注意如下要点:①在拆装前先弄清楚螺纹的旋向、规格,并把螺钉及连接件表面清理干净,且在螺纹连接部分涂上润滑油。②使用合适的拆装工具,按规定的扭矩拧紧螺钉。对于有拧紧力矩要求的螺纹连接,必须用预制式力矩扳手按技术要求旋紧。

③正确地拆装成组螺钉。在拆卸螺钉时,应从外到里、按对角线交叉、分次逐步拧松;在拧紧螺钉时,必须按照从内到外的顺序,对称、交叉、分次逐步旋紧,以避免机体因受力不均匀而翘曲,如图 3.8.10 所示。④合理使用螺纹防松装置,本训练项目中,常用的放松装置是弹簧垫圈,弹簧垫圈放在螺钉头下面,拧紧螺钉时使垫圈受压。

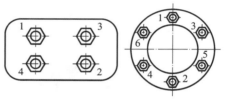

图 3.8.10　螺钉拧紧顺序

(3) 带传动的装配与拆卸。

本训练项目中,A4、A5 轴电动机与减速机是通过皮带传动的,采用的是啮合型带传动方式,也就是依靠带轮上的齿与带上的齿啮合传递运动和动力。带传动装配与拆卸时应注意如下要点:①在装配前,首先清除带轮、皮带上的污物和毛刺;②装配皮带时,应调整皮带到合适的张紧力,皮带张紧力过大,会使其寿命缩短,皮带张紧力过小,可能使皮带跳动、打滑、传动精度降低。本训练项目中,通过调整两个带轮的中心距(即调整电动机的位置)来调整皮带的张紧力,皮带的张紧程度以拇指能将两个带轮中间的皮带按下 15 mm 为宜。

(4) 齿轮传动机构的装配。

齿轮传动是近代机械传动中用得最多的传动形式之一,不仅可以传递运动,还可以传递动力。本训练项目中,A3 轴电动机与减速机之间采用的就是齿轮传动。齿轮传动装置装配时应注意如下要点:①对齿轮等零件进行清洗清理、去除毛刺。②齿轮装配完成后必须对其装配精度进行检测,保证工作表面接触良好,齿轮速度均匀、无振动和噪声。齿轮装配精度检测有直接观察检查法、齿轮径向圆跳动检查法和齿轮端面圆跳动检查法。本训练项目中,采用直接观察检查法,确保电动机花键轴与减速机行星轮中心三点共线,如图 3.8.11 所示。

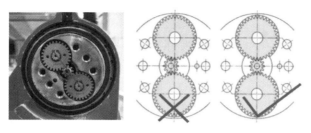

图 3.8.11 齿轮装配检测要点

(5)气压传动装配。

本训练项目中,末端执行器通过气压传动的方式来控制两爪的张开和闭合,本训练项目还涉及气管的装配与拆卸。如图 3.8.12 所示,在拆卸气管时,用拇指将接头卡套压紧,轻轻用力即可将气管拔出;安装气管时,只需轻轻用力把气管插进气管接头即可。

(6)线束连接和拆卸。

本训练项目中,有多处线束需要拆卸和连接,这些线束都是采用航空插头进行连接的,如图 3.8.13 所示。对于图 3.8.13(a)所示的航空插头,拆卸时只需双手分别握住两侧红点处并用力拔即可;装配时,对准公头和母头上红点,并用力插入即可。对于图 3.8.13(b)所示的航空插头,拆卸时只需用手逆时针旋转螺纹处,待完全拧松后,拔出公头即可;装配时,对准公头和母头上的标记,轻轻插入并顺时针拧紧即可。在拆卸和连接线缆时,不要用力拉扯线缆,以免破坏线缆与插头的连接。

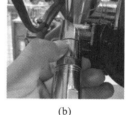

(a)   (b)

图 3.8.12 气管拆卸要点

图 3.8.13 线缆插头拆卸要点

2)工业机器人装配原则及工艺规程

拆卸工业机器人时,遵循由上而下、由外到内的原则;先拆外壳,再拆连接线束,最后拆机器人本体。装配工业机器人时,遵循由下而上、由内到外的原则;先从下往上装机器人本体,再装连接线束,然后检查机器人功能(需要通电确认各关节是否能正常转动,转动应顺畅、无卡滞和抖动现象),最后装外壳。

拆卸和装配工业机器人之前都应该先根据技术要求编制工艺规程,如表 3.8.2 和表 3.8.3 所示。

表 3.8.2 A4 轴电动机组件拆卸工艺卡片

序号	步骤内容	工具	拆装物品	拆装物品规格	数量	拆卸要求
1	拆卸电动机座上同步带张紧螺钉	4 mm L 形内六角扳手	内六角平圆头螺钉	M5	1	—

续表

序号	步骤内容	工具	拆装物品	拆装物品规格	数量	拆卸要求
2	拆卸 A4 轴伺服电动机座螺钉	4 mm T 形内六角扳手	螺钉	M5	4	按对角线交叉、分次逐步拧松

表 3.8.3　A3 轴装配工艺卡片

序号	步骤内容	工具	配合及连接方式	装配要求
1	A3 轴伺服电动机与 J3 轴减速机装配	—	齿轮啮合	电动机轴与减速机行星轮中心三点共线
2	A3 轴伺服电动机安装到电动机座上	6 mm L 形内六角扳手	螺钉连接	灵活转动
3	电动机座安装到大臂上	8 mm L 形内六角扳手、预制式力矩扳手	螺钉连接	力矩值 28 N·m

4. 工业机器人调测方法和工艺要点

1）工业机器人机械零点校准

机器人零点是机器人操作模型的初始位置，如果零点位置不正确，机器人将不能正确运动。机器人若进行过拆装，或发生严重碰撞，或更换码盘电池，可能会造成零点位置丢失，这时就需要对机器人的机械零点进行重新调试。机器人机械零点调试的过程就是将电动机的位置（码盘值）设定为零点位置码盘值的过程。需要先手动操作示教器把各关节的零点标识线对齐，如图 3.8.14 所示；再在示教的轴校准菜单界面输入各关节零点的角度，如图 3.8.15 所示，保证各轴的机械位置与软件中的预设零点位置一致。

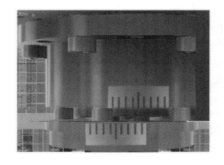

图 3.8.14　零点标识

图 3.8.15　各轴机械零点校准

2）工业机器人软限位设置

轴的限位有软限位、硬限位和机械限位三种。软限位指在软件中设定各轴运动范围限值。软限位可以设定各轴在正、负方向可运行的最大范围，在机器人运动过程中一旦被检测到超出这个范围，控制器就让机器人停下来，然后弹出相应错误信息提示超限位了。当预估到机器人某轴在运动过程中可能与周边设备发生干涉时，就要设置软限位来避免碰撞。

3）工业机器人重复定位精度检测

机器人重复执行某位置给定指令，它每次走过的距离并不相同，而是在平均值附近变化，该平均值代表精度，而变化的幅度代表重复定位精度。机器人在进行过拆装、核心件更换、严重碰撞等后，均需要进行精度检测。

对工业机器人整体重复定位精度进行检测时，在末端法兰盘上安装好千分表；新建一个让千分表运动到固定点的机器人程序，并执行程序，记录千分表的读数，以此作为基准值；多次执行这个程序，记录每次千分表的读数（见表 3.8.4），并计算每次读数与基准值的差异，若多次差值的平均值满足工业机器人重复定位精度要求，则认为此工业机器人装配后重复定位精度满足工作要求。

表 3.8.4　工业机器人重复定位精度检测结果

检测次数	千分表读数	千分表读数－基准值
第 0 次（基准值）		—
第 1 次		
⋯		
第 5 次		
重复定位精度（五次差值的平均值）		

3.8.4　训练考核评价标准

工业机器人结构与装调训练内容及考核评价标准如表 3.8.5 所示。

表 3.8.5　工业机器人结构与装调训练内容及考核评价标准

序号	项目及技术要求	考核标准	满分值/分
1	基本操作正确	零部件掉落，每处扣 5 分；工具、工件掉落，每处扣 2 分；选错工具或用错工具，每处扣 2 分；工艺流程或步骤错误，每处扣 2 分	40
2	工业机器人各轴运动功能正常	1 个轴无法正常运动，或存在运动卡滞和抖动现象，每处扣 8 分	32
3	完成工业机器人调测任务	机械零点校准和软限位设置为 1 个任务，重复定位精度检测为 1 个任务，未完成任务，每个扣 4 分	8
4	安全实践	违者扣分	10
5	文明实践与"5S"执行	违者扣分	10

思考题

1. 本训练项目中工业机器人 A3～A6 轴涉及哪几种传动方式？

2. 工业机器人装调过程中影响工业机器人重复定位精度的因素有哪些？

3.9　智能制造系统训练

智能制造系统训练基于信息通信技术与先进制造技术的深度融合应用,以智能制造产线为载体,深度呈现智能制造全过程,在真实生产现场全面展现智能制造相关的核心技术的应用,包括生产准备、制造执行、APS 排程、WMS 智能仓储管理、AGV 智能物流调度、全面质量管控、RFID 全过程实时定位及状态更新、全方位可视化订单跟踪等。

扫码学习
数字资源

3.9.1　训练目标、内容及要求

1. 训练目标

(1) 了解智能制造的概念和内涵。

(2) 了解智能制造系统的主要构成及功能实现。

(3) 了解智能制造是如何实现提高产品质量、降低生产成本、提高生产效率的。

(4) 学会进行智能制造产线的生产准备。

(5) 学会使用制造执行系统(MES)。

(6) 学会利用制造执行系统的可视化功能进行生产全流程跟踪。

2. 训练内容

(1) 了解智能制造系统的整体构成,学习智能制造系统整体生产流程。

(2) 学习智能制造系统如何进行生产准备,分组完成设备的开机等准备工作;完成夹具、刀具、料盘的数量和状态检查;完成原材料的准备工作。

(3) 学习制造执行系统的操作使用。

(4) 利用智能制造系统完成一件产品的订单设计、下发以及后续的生产制造。具体内容包括:在制造执行系统中完成账号注册;完成一个产品的个性化选配设计并生成订单;完成原材料的入库操作;借助制造执行系统的各选项进行订单生产全流程的跟踪;完成产品出库操作。

3. 训练安全注意事项

(1) 严禁在未熟悉操作步骤的情况下,触摸各按钮开关。

(2) 接触各设备之前务必保证手部干燥。

(3) 生产准备阶段各单元开机完成后,必须等现场指导老师检查各设备状态后才能运行。

(4) 产线开始运行后,不得越过安全围栏进入产线内部工作区域。

(5) 原材料入库和成品出库操作时不得单手持料盘,必须双手抓住料盘前后方向的梯形缺口部位后才能搬动料盘,且搬运料盘时手中不得握持其他任何物品。

(6) 智能制造产线运行过程中,遇到设备故障时,请勿随意操作,务必第一时间报告现场指导老师。

(7) 遇到紧急情况,立刻按下就近的急停按钮并保持现场,报告现场指导老师。

3.9.2　训练设备

智能制造系统训练基于智能制造产线开展教学组织,智能制造产线的主要组成包括物流仓储单元、清洗检测打标装配单元、智能生产单元和软件系统。智能制造系统布置如图3.9.1所示。

图 3.9.1　智能制造产线布置

各功能单元主要构成如下。

物流仓储单元:126 个标准化库位以及配套的料盘、移动式码垛车、出入库倍速链。

清洗检测打标装配单元:1 台带清洗和烘干功能的超声波清洗机、1 台三坐标测量仪、1台光学测量仪、1 台螺纹旋进对接装配机、1 台轴孔插入对接装配机、1 台激光打标机、2 台六关节工业机器人以及配套的倍速链和带 RFID 装置的定位台。

智能生产单元:由 5 个独立的加工单元构成,每个单元可单独使用,也可以将任意数量的加工单元接入智能制造线形成大的生产系统。每个加工单元包括 1 台五轴加工中心、1 台数控车床、1 台六关节工业机器人(配第七轴、2 套夹具和夹具快换台)、1 个线边库和2 个 AGV 定位台。

软件系统:包括制造执行系统、生产可视化系统以及 AGV 智能调度系统,其中制造执行系统集成了系统管理、工厂建模、生产调度、排程管理、物料配送、质量管理、仓库作业、PCT看板等功能。

各功能单元承担的任务分工如下。

物流仓储单元负责原材料和产成品的储存和转运,智能生产单元负责产品零件的加工,清洗检测打标装配单元负责所有加工好的零件的清洗、部分产品零件的质量检测、产品个性化激光打标以及产品的组装,软件系统负责将各单元整合在一起并实现统一调度和管控。

智能制造系统训练以批量个性化订单的混流生产为主线,在学生自主完成订单选配设计及录入后,转入生产环节完成生产全过程。学生可借助制造执行系统和生产可视化系统实现对订单生产全过程的跟踪。

智能制造系统的整体工作流程如图 3.9.2 所示。

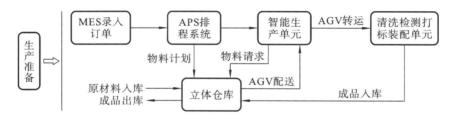

图 3.9.2　智能制造系统整体工作流程

3.9.3　训练要点及操作步骤

1. 生产准备

生产准备是指为了保障生产的正常进行,为顺利实现生产作业计划所进行的各项准备工作,包括设备准备、工具准备以及物料准备等。

1) 设备准备

(1) 完成所有设备开机。

(2) 选择正确的工作模式,通常选择联机模式。

(3) 检查核实各子系统网络连接状态,确保网络连接正常。

(4) 检查总控交互流程和服务运行状态,确保正常。

2) 工具准备

(1) 确认夹具的种类和数量与待加工产品是否匹配,夹具是否安装到位以及能否正常动作等。

(2) 确认料盘与待加工产品的匹配性、数量是否足够等,存在差额则需补齐。

(3) 确认刀具与工艺文件的要求是否匹配,检查刀具是否完好以及是否安装到位。

3) 物料准备

(1) 检查并确认立体仓库及各线边库内的物料种类和数量与系统记录的信息是否一致。

(2) 检查并确认计划用于该批次订单生产的原材料种类和数量是否足够,若不够则需要补充。

2. 制造执行系统各功能模块的基本操作

制造执行系统的功能模块包括:系统管理、工厂建模、生产调度、排程管理、生产执行状态、物料配送、质量管理、仓库作业和 PCT 看板。除了系统管理和工厂建模以外,其余模块均可用于课堂操作。

先注册账号并登陆,之后依次进入各功能模块对各个操作选项进行操作,以熟悉 MES 的使用。

1) 生产调度

依次进入订单管理、订单发布、工单管理以及派工单管理等选项,熟悉界面组成并进行操作练习。

2) 排程管理

依次进入订单排程、资源甘特图排程和工单发布等选项,熟悉界面组成并进行操作练习。

3) 生产执行状态

进入报工查看选项,熟悉界面组成并进行操作练习。

4) 物料配送

依次进入配送任务管理、配送单查询等选项,熟悉界面组成并进行操作练习。

5) 质量管理

依次进入在制品检测单、材料与成品检测单以及质量汇总表等选项,熟悉界面组成并进行操作练习。

6) 仓库作业

依次进入入库管理、出库管理、物料盘点以及仓库查询等选项,熟悉界面组成并进行操作练习。

7) PCT 看板

进入中控 PCT 选项,熟悉界面中集中展示的智能制造产线的订单信息、质量信息、设备状态信息等。

3. 订单选配设计及排程下发

1) 订单选配设计操作

(1) 在订单信息录入区域的产品种类处,选择"十二生肖/纪念章/收纳罐"中的任意一种,并选择对应特征,同时观察图形展示区域的产品特征变换情况。

(2) 在可选工艺过程选择区域,结合订单产品的具体情况,在清洗、打标、个性化、装配、机内测量和机外测量等 6 个选项中勾选对应选项。

(3) 通过纯文字输入、自定义图片或上传矢量图等方式,完成个性化打标内容的设计,并按下"预览保存"按钮保存个性化设计内容。

(4) 录入订单,检查并删除多余订单。

2) 订单排程下发

(1) 从"排程管理"模块进入"订单排程"选项,勾选所有待下发订单,进行"同步"操作,将所选订单转换成排程工单。

(2) 勾选用于生产的加工单元,并点击"自动分配排程"或者"顺序分配排程"完成工单排程。

(3) 从"排程管理"模块进入"资源甘特图排程"选项,核实排程的甘特图状态并保存。

(4) 从"排程管理"模块进入"工单发布"选项,勾选待下发的订单,完成工单发布。

4. 原材料入库

(1) 通过 MES 的仓库作业→入库管理→原材料入库,进入原材料入库操作界面。

(2) 新建入库单并完成入库物料信息录入。

(3) 将原材料实物放入料盘并移至立库入库站点。

(4) 在待上架的入库清单中找到与待入库实物信息对应的入库单,点击"进行入库"完成原材料入库。

5. 生产过程全流程跟踪与管控

智能制造产线生产过程的全流程跟踪可以借助各种集成的可视化界面来实现,主要包括中控 PCT 看板、智能加工单元生产信息看板、订单看板以及物流系统展示界面等。

1) 中控 PCT 看板跟踪

通过 MES 的 PCT 看板→中控 PCT,打开智能制造产线中控 PCT 看板,即可了解智能制造产线的订单信息、质量信息、设备状态信息等,如图 3.9.3 所示。

2) 智能加工单元生产信息看板跟踪

在加工单元工位计算机打开生产看板,即可了解该加工单元的订单生产情况,包括当前正在进行生产的设备承担的任务信息,也包括已完工和待加工的订单列表,如图 3.9.4 所示。

3) 订单看板跟踪

通过总控系统打开订单看板,就能够即时了解每个订单的所有工艺过程的完成情况,如

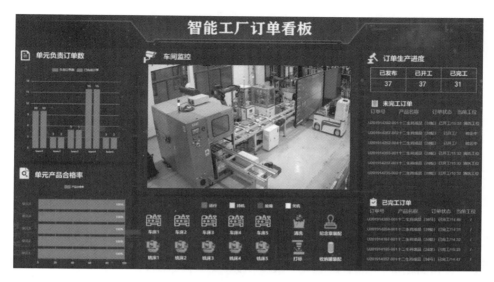

图 3.9.3　中控 PCT 看板

图 3.9.4　智能加工单元生产信息看板

图 3.9.5 所示。

4）物流系统跟踪

在 AGV 调度计算机打开调度系统界面，就可以实时了解两台 AGV 所有的任务清单，如图 3.9.6 所示；通过总控系统的订单跟踪→AGV 状态就可以了解两台 AGV 当前执行任务的具体信息和状态，如图 3.9.7 所示：

6. 成品出库

（1）通过 MES 的仓库作业→出库管理→成品出库，进入成品出库操作界面。

（2）新建出库单，选择要出库的产品物料，保存出库单信息。

（3）在出库单列表中选择一条要出库的单据，点击"进行出库"完成成品物料从立库的输出。

订单名	个性签名	类型名称	类型图片	加工单元	出库	加工	清洗	检测	打孔	装配	入库	入库库位
U121092027-006	U121092027-006.png	十二生肖 (3d龙)		单元五		完成	完成			完成		
U121092030-006	U121092030-006.png	十二生肖 (3d龙)		单元四		完成	施工中			完成		
U121092018-001	U121092018-001.png	十二生肖 (3d马)		单元四		完成		完成		完成		完成
u121092011-001	u121092011-001.png	十二生肖 (3d蛇)		单元四		完成		完成		完成		出库中
u121092029-004	u121092029-004.png	十二生肖 (3d牛)		单元四		完成		完成		完成		完成
U121092013-002	U121092013-002.png	十二生肖 (3d龙)		单元四		完成		完成		完成		完成
u121092020-003	u121092020-003.png	十二生肖 (2d马)		单元三		完成						
U121092010-002	U121092010-002.png	十二生肖 (2d马)		单元三		完成	施工中					
u121092024-004	u121092024-004.png	十二生肖 (2d马)		单元三		完成		完成				
u121092028-001	u121092028-001.png	十二生肖 (2d鸡)		单元三		完成		完成				

图 3.9.5　订单看板

任务类型	任务编号	任务状态	优先级	任务站点	发布时间	执行者	执行时间	完成时间	异常监控
加工中心至清洗机	19472750-bd86-41f0-a8...	任务已完成	Normal	32-->72	2022/5/11 16:20:21	FB1-002	2022/5/11 16:20:22	2022/5/11 16:23:34	无异常
加工中心至清洗机	9a0f3569-33f8-4f93-9b4...	任务已完成	Normal	32-->72	2022/5/11 16:15:01	FB1-001	2022/5/11 16:15:02	2022/5/11 16:19:33	无异常
立体仓至加工中心	b1722667-22de-4955-af...	任务已完成	Normal	61-->32	2022/5/11 16:08:44	FB1-002	2022/5/11 16:11:36	2022/5/11 16:16:08	无异常
加工中心至清洗机	41f4d154-e11b-4aec-ad...	任务已完成	Normal	31-->72	2022/5/11 16:07:17	FB1-001	2022/5/11 16:07:18	2022/5/11 16:12:59	无异常
立体仓至加工中心	19749bff-7fd6-4fe1-84a...	任务已完成	Normal	61-->12	2022/5/11 16:01:58	FB1-002	2022/5/11 16:04:09	2022/5/11 16:09:45	无异常
立体仓至加工中心	2bb3deb2-2bd7-4936-9...	任务已完成	Normal	11-->72	2022/5/11 16:01:02	FB1-001	2022/5/11 16:01:05	2022/5/11 16:05:34	无异常
立体仓至加工中心	8c5a46a9-f88f-4531-a96...	任务已完成	Normal	61-->31	2022/5/11 15:52:48	FB1-002	2022/5/11 15:53:51	2022/5/11 16:00:32	无异常
加工中心至清洗机	ab4b02dc-e391-4c5a-ad...	任务已完成	Normal	41-->72	2022/5/11 15:46:19	FB1-001	2022/5/11 15:49:18	2022/5/11 15:57:20	无异常
立体仓至加工中心	9581f7b5-fa16-4196-89...	任务已完成	Normal	61-->11	2022/5/11 15:42:36	FB1-002	2022/5/11 15:45:31	2022/5/11 15:53:49	无异常
加工中心至清洗机	865bc591-c777-4df5-a1...	任务已完成	Normal	51-->72	2022/5/11 15:35:09	FB1-001	2022/5/11 15:39:50	2022/5/11 15:49:17	无异常
立体仓至加工中心	62783cfc-0c98-4337-a3e...	任务已完成	Normal	61-->41	2022/5/11 15:28:49	FB1-002	2022/5/11 15:36:49	2022/5/11 15:45:30	无异常
加工中心至清洗机	dfaa4098-16f1-4001-8f1...	任务已完成	Normal	72-->72	2022/5/11 15:29:40	FB1-001	2022/5/11 15:34:16	2022/5/11 15:39:47	无异常
加工中心至清洗机	7b236c6a-9ad2-4f01-82...	任务已完成	Normal	11-->72	2022/5/11 15:24:56	FB1-002	2022/5/11 15:31:03	2022/5/11 15:36:48	无异常
立体仓至加工中心	7b550d7b-fc65-4a8f-bff...	任务已完成	Normal	61-->51	2022/5/11 15:23:44	FB1-001	2022/5/11 15:25:57	2022/5/11 15:34:14	无异常
加工中心至清洗机	49c3b6af-d8d9-4195-95...	任务已完成	Normal	41-->72	2022/5/11 15:21:46	FB1-002	2022/5/11 15:21:48	2022/5/11 15:31:01	无异常
加工中心至清洗机	4c3b0054-a6bf-417d-84...	任务已完成	Normal	51-->72	2022/5/11 15:18:55	FB1-001	2022/5/11 15:18:56	2022/5/11 15:25:54	无异常
加工中心至清洗机	a0d8c00c-74b8-47f2-81...	任务已完成	Normal	12-->72	2022/5/11 14:45:36	FB1-002	2022/5/11 14:45:38	2022/5/11 14:48:06	无异常
加工中心至清洗机	263ffb9a-2e0a-44a1-a7...	任务已完成	Normal	32-->72	2022/5/11 14:42:47	FB1-001	2022/5/11 14:42:48	2022/5/11 14:46:30	无异常

图 3.9.6　AGV 调度系统工作界面

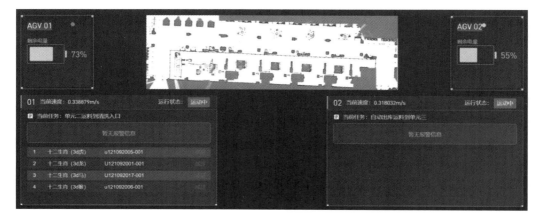

图 3.9.7　AGV 执行任务的具体信息

（4）将输出到立库出库站点的料盘搬离。

3.9.4　训练考核评价标准

智能制造系统训练内容及考核评价标准见表 3.9.1。

表 3.9.1　智能制造系统训练内容及考核评价标准

序号	训练内容	考核标准	满分值/分
1	产线认知及 MES 基本操作	基础得分，参与完成即给分	40
2	生产准备	生产准备状态能否满足生产要求	10
3	订单选配设计	订单是否有效，能否正常完成生产	10
4	订单跟踪	能否借助各项跟踪手段准确了解订单进程	10
5	出入库操作	操作准确性和规范性	10
6	安全实践	违者扣分	10
7	文明实践与"5S"执行	违者扣分	10

思考题

1. 智能装备在智能制造系统中是如何发挥作用的？

2. 产品订单生产过程中的实时状态是通过何种方式获取并呈现给智能制造产线管控人员的？

3.10　智能制造生产运营虚拟仿真训练

实体智能制造产线生产控制较为复杂，初学者需要花一定的时间才能学会如何操作，在学习的过程中也可能因为操作失误导致实体产线无法正常运行。为了降低操作失误对实体产线设备的影响，让零基础的学生在实体产线课程有限的学时内尽快开启产线投入生产，可让学生在"真刀实枪"接触实体产线之前，先在虚拟仿真环境中安全高效地学习怎么使用制造运营管理（MOM）系统管控智能制造产线进行生产。

扫码学习
数字资源

本虚拟仿真训练以工厂如何组织生产为出发点，简要介绍生产车间的人员组织结构和主要的运行管理流程。实操环节以华中科技大学工程实践创新中心智能制造产线车间生产运行为实例，对实体智能制造产线车间及其生产运行过程进行数字化虚拟仿真，对其生产的产品进行模拟生产，让学生了解 MOM 系统如何用于智能制造产线车间进行生产运营管理。

3.10.1　训练目标、内容及要求

1. 训练目标

（1）了解生产车间的人员组织结构与岗位职责；

（2）了解生产车间的基本运行管理活动的流程；

（3）了解 MOM 系统的定义与功能；

（4）了解智能制造车间使用 MOM 系统进行制造运行管理的内容和流程：生产管理、物料管理、质量管理、设备管理。

2. 训练内容

登录智能制造虚拟仿真教学系统，选择并进入相应的虚拟车间（A1、A2、B1、B2），选择工位所对应角色（车间主任、生产调度员、班组长、物料管理员、质量管理员、设备管理员、质检员），领取老师布置的虚拟生产任务。根据生产任务，按智能制造虚拟仿真车间的运行管理流程（见图 3.10.1）展开虚拟生产。

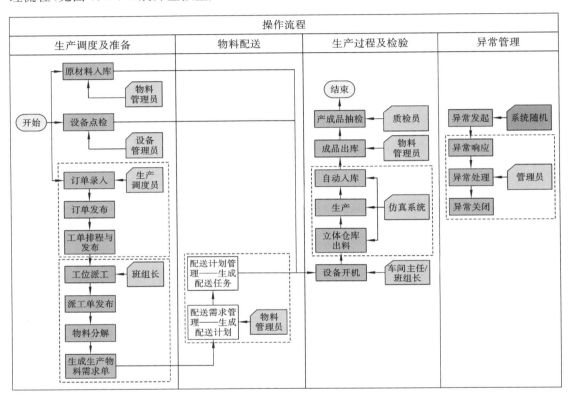

图 3.10.1　智能制造虚拟仿真车间的运行管理流程

3.10.2　训练用虚拟仿真系统

智能制造虚拟仿真教室布局如图 3.10.2 所示，教室内布置有 A1、A2、B1、B2 四个虚拟车间及相关工位。

每个虚拟仿真工位上均部署有一台 PC 工作站，工作站均配有 2 台显示器，左边显示器展示智能制造产线车间虚拟三维生产场景，右边显示器展示 MOM 软件操作界面（见图 3.10.3）。利用 MOM 软件对车间生产相关活动进行调度和监控，并尽可能详细地记录其生产过程履历，从而实现车间生产过程的透明可视、有序可控和优化决策。

智能制造虚拟仿真车间虚拟生产场景与实体智能制造产线车间完全对应，如图 3.10.4 所示。

智能制造虚拟仿真车间按照与实体智能制造产线车间完全一致的产品（见图 3.10.5）和生产流程（见图 3.10.6）组织生产。

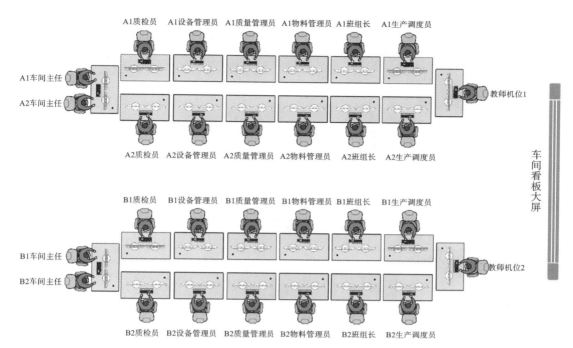

图 3.10.2 智能制造虚拟仿真教室布局

图 3.10.3 智能制造虚拟仿真工位

图 3.10.4 智能制造产线车间布局

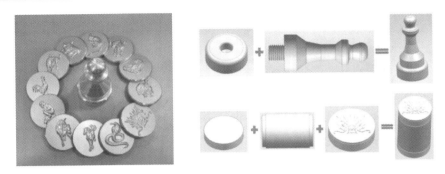

图 3.10.5　实体智能制造产线车间生产的产品

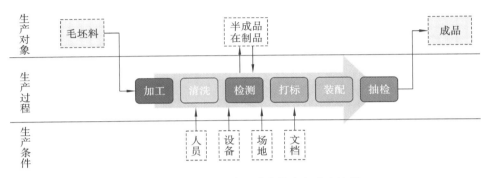

图 3.10.6　实体智能制造产线车间生产流程

　　PC 工作站虚拟仿真软件与 MOM 服务器进行数据交互,教室前方布置了车间看板大屏(见图 3.10.7),大屏上显示车间生产状态相关数据。

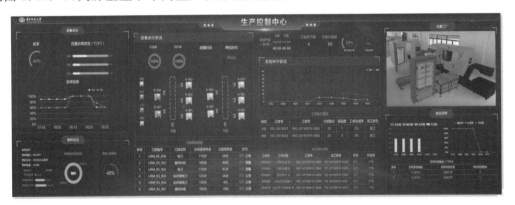

图 3.10.7　车间看板大屏

3.10.3　训练要点及操作步骤

　　根据图 3.10.1,各阶段相应的操作人员和操作步骤如下。

(1)物料管理员:进行"物料管理"之原材料入库作业。

(2)设备管理员:进行"设备管理"之设备点检作业。

(3)生产调度员:进行"生产管理"之订单录入、订单发布、工单排程与发布作业。

(4)班组长:进行"生产管理"之工位派工、派工单发布作业。

(5)班组长:进行"生产管理",根据产品物料清单 BOM,执行物料分解作业。

（6）班组长：进行"生产管理"，生成每个工位的生产物料需求单。

（7）物料管理员：进行"物料管理"之生成配送计划和配送任务作业。

（8）车间主任/班组长：执行设备开机作业。

（9）仿真系统：原材料自动出库、产品自动生产。

（10）生产调度员/物料管理员/质量管理员/设备管理员：进行生产跟踪、库存跟踪、质量跟踪、维护跟踪，通过生产数据采集、库存数据收集、质检数据收集、维护数据收集得到生产过程中现场出现的异常或者不合理的情况，针对这些情况进行生产绩效分析、库存分析、质量统计分析、维护统计分析得到异常处理措施或者优化改进措施，进而针对性地进行生产执行管理、库存执行管理、质检执行管理、维护执行管理等整改措施，从而消除生产异常或者提高生产效率。

（11）仿真系统：成品自动入库。

（12）物料管理员：进行"物料管理"之成品出库作业。

（13）质检员：进行"质量管理"之产成品抽检作业。

3.10.4　训练考核评价标准

智能制造生产运营虚拟仿真训练内容及考核评价标准见表 3.10.1。

表 3.10.1　智能制造生产运营虚拟仿真训练内容及考核评价标准

序号	项目及技术要求	考核标准	满分值/分
1	基本操作	如有操作流程步骤错误，则每处扣 2 分，扣完为止	40
2	原材料使用数量	原则上原材料的使用数量应等于生产任务的最小需求数量，如原材料使用数量大于生产任务的最小需求数量，每超量使用 1 套，扣 2 分，扣完为止	10
3	设备点检情况	原则上生产之前应完成虚拟产线所有设备的点检任务，如生产之前未完成所有设备的点检任务，每遗漏 1 项，扣 2 分，扣完为止	10
4	生产任务完成情况	原则上应完成生产任务所对应的产成品生产数量要求，如未足量完成，每缺少 1 套产成品，扣 2 分，扣完为止	20
5	安全实践	违者扣分	10
6	文明实践与"5S"执行	违者扣分	10

思考题

1.请简要描述工序与工位两个概念的差别和联系。

2.车间生产计划制订包括排产和排程，排产和排程有什么区别？

3.11　材料成形虚拟仿真训练

材料成形是同时赋予材料形状与性能的重要制造技术，是衡量一个国家的制造技术与工业发展水平，以及重大、核心关键装备自主创新能力的主要标志之一。材料成形工艺主要包括液态金属铸造成形工艺、固态金属塑性成形工艺、金属材料焊接成形工艺和高分子材料成形工艺（简称铸造、

扫码学习
数字资源

塑性成形、焊接和注塑,或称铸、锻、焊和注塑)等,是机械制造的重要组成部分,也是现代化
工业生产技术的基础。

3.11.1　训练目标、内容及要求

1.训练目标

(1)了解常用的材料成形工艺的原理、特点及应用;

(2)了解材料成形在车辆零部件上的应用;

(3)熟悉铸造、冲压、焊接三种典型材料成形产线的工艺流程及设备组成;

(4)了解增强现实(AR)、虚拟现实(VR)等技术的概念及应用情况。

2.训练内容

(1)学习常用的材料成形工艺原理、特点及应用等基本理论知识;

(2)通过 AR 技术,学习材料成形在车辆中的应用;

(3)利用材料成形虚拟仿真实训平台系统学习铸造、冲压、焊接等典型材料成形工艺流
程并完成相应工艺的考核,其中消失模铸造、冲压、焊接为必做训练,砂型铸造、注塑成型、粉
末成形为选做训练;

(4)通过 VR 技术,多人协同完成消失模铸造全流程的实践训练,5 人一组,以组为单
位,记录该组平均用时。

3.训练安全注意事项

(1)操作计算机时,严禁挪动主机,以免意外断电影响学习;

(2)操作 AR 和 VR 设备时,应轻拿轻放,以防损坏设备;

(3)操作 VR 设备时,确保站在安全范围内,防止撞伤。

3.11.2　训练设备

训练中主要用到虚拟仿真实训平台、增强现实实训平台以及虚拟现实实训平台,其中虚
拟仿真实训平台和增强现实实训平台为软件,虚拟现实实训平台用到软件和硬件设备(头盔
和手柄)。软件将在 3.11.3 节进行讲解,这里介绍 VR 训练中所用到的硬件设备。

(1)设备结构介绍。图 3.11.1 所示为头戴式设备结构,图 3.11.2 所示为操作手柄结构。

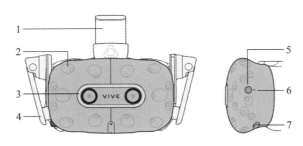

图 3.11.1　头戴式设备结构

1—头戴式设备头带;2—追踪感应器;3—相机镜头;4—耳机;
5—头戴式设备按钮;6—状态指示灯;7—镜头距离按钮

(2)设备使用介绍。图 3.11.3 所示为 VR 头盔穿戴说明。图 3.11.4 所示为操作手柄
交互说明。

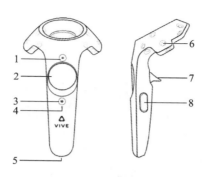

图 3.11.2　操作手柄结构

1—菜单按钮；2—触控板；3—系统按钮(电源键)；4—状态指示灯；
5—Micro-USB 端口；6—追踪感应器；7—扳机；8—手柄按钮

图 3.11.3　VR 头盔穿戴说明

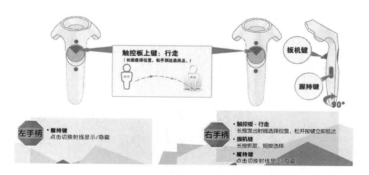

图 3.11.4　操作手柄交互说明

3.11.3　训练要点及操作步骤

1. 虚拟仿真实训平台操作

虚拟仿真实训平台训练内容是从真实车间取材,等比例还原,虚拟出铸造、冲压、焊接、注塑、粉末成形等材料热加工车间,各车间中有大量的设备工作动画,同时将理论知识融入虚拟车间的相应工艺区,学生在虚拟车间环境中与虚拟设备进行仿真交互,完成各工艺的学习及考核,在虚拟平台中学习真正的工厂车间材料成形生产工艺过程。在虚拟仿真实训平台学习过程中,需结合工艺流程菜单、设备动画、文字图片以及声音讲解进行学习。接下来简要介绍操作过程中的几个要点(以消失模铸造工艺学习为例)。

(1) 登录方式:游客模式只针对访客,无考核模式。实训中,需使用工位号进行登录。

（2）工艺选择：如图 3.11.5 所示，通过鼠标左键拖动或箭头选择工艺模块，勾选学习或者考核模式，点击进入系统确认选择，先完成学习模式，再进入相应工艺的考核模式完成考核，点击实验报告可查询考核成绩。

图 3.11.5　工艺选择

（3）实验操作菜单：如图 3.11.6 所示，界面右上角显示当前登录学生序号，界面菜单包含"返回上一级""最小化系统""主页""导航栏"。学生依次点击"导航栏"工艺流程按钮，可以打开导航栏二级菜单，进行相应的工艺知识学习及设备操作训练。学习中，可通过"W""A""S""D"按键进行虚拟场景中的前进后退等。

图 3.11.6　实验操作菜单

（4）消失模铸造简介操作示例：如图 3.11.7 所示，依次选择"简介""基本工艺流程""厂区区域布局""主要工艺设备"，主界面会切换，显示相应的文字、图片、视频内容。

（5）虚拟物体移动操作示例：如图 3.11.8 所示，在左侧导航栏中点击"白模工艺"，在二级菜单中可进行白模工艺操作，选择"预发泡"，点击底部预发泡工步"上料"，进行上料操作，点击高亮物体(料桶)，料桶将自动移动。

（6）虚拟面板操作示例：如图 3.11.9 所示，在左侧导航栏中点击"白模工艺"，在二级菜单中可进行白模工艺操作，选择"预发泡"，点击底部预发泡工步"预发泡"，进行预发泡操作，点击面板上的高亮文字"预发泡"，发泡室将进行预发泡动作。

图 3.11.7　消失模铸造简介操作示例

图 3.11.8　虚拟物体移动操作示例

图 3.11.9　虚拟面板操作示例

　　（7）虚拟设备按钮操作示例：如图 3.11.10 所示，在左侧导航栏中点击"白模工艺"，在二级菜单中可进行白模工艺操作，选择"发泡成型"，点击底部发泡成型工步"合模"，进行合模操作，点击设备高亮的合模按钮，设备将进行合模操作。

图 3.11.10　虚拟设备按钮操作示例

2. AR 软件操作

训练中采用 AR 手段，对汽车的部分结构及其加工方式进行展示。通过对小汽车的发动机缸体、缸盖、变速箱、保险杠、车灯等关键部件实物进行识别，以虚拟的方式展示小汽车部分重要零部件的热加工方式，使学生初步了解材料成形在汽车领域中的应用，同时实现相应零部件的热加工方式、原理的认知。接下来简要介绍 AR 软件操作。

（1）单击红框内软件"材料热成型虚拟仿真实训"，启动软件，如图 3.11.11 所示。

图 3.11.11　软件启动

（2）熟悉系统界面，系统界面功能说明如图 3.11.12 所示。

（3）操作说明：软件系统里现包含 7 种材料成形工艺，以消失模铸造为例，选择热点后即可对相应部件实物进行轮廓扫描，调取相应的工艺模型、工艺资料等内容进行查看，如图 3.11.13 所示。

图 3.11.12　界面功能说明

图 3.11.13　操作演示

3. VR 软件操作

　　VR 软件操作主要分两块内容。第一部分是虚拟漫游,学生可在材料成形工艺车间的三维场景中进行自主漫游,结合图文视频等方式了解产线布置、工艺区划分、工位分布、设备工作原理等。第二部分是动手协同操作,学生以 5 人为一组的小组形式进行协同操作,5 位学生同进一个车间,各自完成相应的生产操作,共同完成一个工艺的生产过程。下面主要以消失模铸造虚拟车间实训过程为例讲解第二部分内容的软件操作。

　　图 3.11.14 所示为新建房间及选择对应车间。操作说明:使用射线依次点击"菜单""房间""创建房间",右手食指短按扳机键进行确认,拇指在触控圆盘滑动进行翻页,使用射线选择"消失模铸造虚拟车间",长按扳机键,弹出组队面板,使用射线点选"开始"按键,即可进入虚拟车间。

　　图 3.11.15 所示为高亮元素(文字、把手、按钮等)操作示例。操作说明:使用虚拟手柄(左手或者右手均可)触碰高亮的门把手,食指短按扳机键即可开门。对于虚拟场景中出现的高亮文字、把手、设备按钮、转运小车、柜体等,其操作方式类似。

图 3.11.14　新建房间及选择车间

图 3.11.15　高亮元素操作示例

图 3.11.16 所示为双手移动物体操作示例。操作说明:双手触碰高亮料桶,双手同时长扣扳机键,抬起双手即可搬动料桶,触控板控制移动。

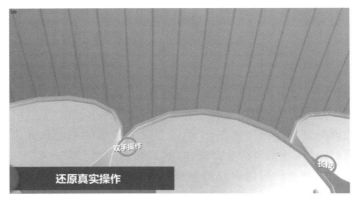

图 3.11.16　双手操作示例

图 3.11.17 所示为单手移动物体操作示例。操作说明:使用虚拟手柄(左手或者右手均可)触碰高亮的料管,食指长按扳机键即可抓取进料管,移动虚拟手柄至料桶中进料管的高亮提示位置即可完成操作。对于虚拟场景中出现的高亮模片、白模、刷子、薄膜、浇口等,其操作过程类似。

图 3.11.17　单手移动物体操作示例

3.11.4　训练考核评价标准

材料成形虚拟仿真训练内容及考核评价标准见表 3.11.1。

表 3.11.1　材料成形虚拟仿真训练内容及考核评价标准

序号	训练内容		考核标准	满分值/分
1	基本操作完成情况	完成规定工艺模块的学习及考核	视完成情况酌情给分	40
2	任务完成质量	消失模铸造工艺	错 1 处扣 1 分	15
		冲压及焊接工艺	错 1 处扣 0.5 分	10
		VR 多工位协同生产实践	按时间排序,视排序情况扣 0～3 分	10
		砂型铸造、注塑、粉末成形工艺选做	根据选做情况酌情加分	5
3	安全实践,规范操作,遵守安全操作规程		视现场情况酌情给分	10
4	文明实践,按"5S"执行规范做好工位清洁		视现场情况酌情给分	10

思考题

1.消失模铸造包含哪些工艺流程?

2.消失模铸造车间设备主要有哪些?

3.试比较各材料成形工艺及主要适用范围。

3.12　激光加工训练

　　激光加工是利用能量密度极高的激光照射材料加工部位,使材料瞬间升高至很高温度,甚至熔化或汽化,再辅以其他工艺方法,从而对材料进行切割、标记、焊接、热处理等加工。激光加工技术是涉及光、机、电、材料及检测等多门学科的一门综合技术。

扫码学习
数字资源

激光加工具有可加工材料范围广、生产效率高、质量可靠、工件不易变形、加工过程易控制、自动化程度高等特点。作为一项先进制造技术，激光加工已广泛应用于汽车、电子、电器、航空、冶金、机械制造等国民经济重要部门。

3.12.1 训练目标、内容及要求

1. 训练目标

（1）了解激光的产生机理和激光加工的原理、特点及应用；

（2）了解不同激光加工工艺的技术要求以及关键工艺参数与加工质量的关系；

（3）熟悉激光内雕、激光雕刻、激光标记等设备的使用方法及工艺要点；

（4）了解激光切割、激光焊接等设备的加工原理及工艺；

（5）掌握简单激光加工作品的设计方法。

2. 训练内容

（1）了解激光雕刻机的设计软件和设备加工操作流程，完成激光雕刻竹制书签（110 mm×20 mm）的工程图设计和加工制作；

（2）了解激光打标机的设计软件和设备加工操作流程，完成激光打标金属名片（82 mm×50 mm）、黑色吊牌（69 mm×45 mm）的工程图设计和加工制作；

（3）了解激光内雕机的设计软件和设备加工操作流程，完成激光内雕水晶钥匙扣（12 mm×20 mm×30 mm）的工程图设计和加工制作；

（4）通过演示教学，了解非金属激光切割机、金属激光切割机的切割加工操作和应用；

（5）通过演示教学，了解金属激光焊接机的切割加工操作、应用，以及金属产品组件的激光焊接加工、应用。

3. 训练安全注意事项

（1）避免激光或其反射光直接射到身体的任何部位。激光机前或工作台前装有激光防护屏的，不得随意拿开或拆除防护屏。

（2）使用激光机时，操作人员及其周围人员要佩戴专用防护镜，防止激光损伤人眼。

（3）正式加工前，先启动"走边框"或"红光"等类似程序，注意观察机床运行情况，以免激光头超出有效行程范围发生碰撞，造成事故。

（4）严格按照规定流程，开启关闭激光机、压缩气、抽烟尘设备、控制软件和加工软件。在加工过程中发现异常，应立即停机，及时报告教师。

（5）金属材料激光加工后，不要立即触碰加工部位，以免高温烫伤或灼伤。

3.12.2 训练设备

训练设备主要是激光雕刻机、激光打标机和激光内雕机等激光机，其加工系统由激光器、激光器电源、光学系统、激光头、机械（控制）系统和其他辅助装备等六大部分组成。

（1）激光器：激光机的核心部分，通过它可以把电能转化成光能，获得性能好、能量密度高、稳定的激光光束。无论何种激光器，一般都有工作物质、激励源（泵浦源）、谐振腔（共振腔）三个必不可少的部分，其基本结构如图 3.12.1 所示。

工作物质是激光器的核心，指用来实现粒子数反转并产生光的受激辐射放大作用的物质体系，它们可以是固体（晶体、玻璃）、气体（原子气体、离子气体、分子气体）、半导体和液体等媒质。对激光工作物质的主要要求是尽可能在其工作粒子的特定能级间实现较大程度的

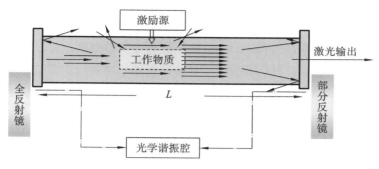

图 3.12.1 激光器的基本结构

粒子数反转,并使这种反转在整个激光发射作用过程中尽可能有效地保持下去,因此要求工作物质具有合适的能级结构和跃迁特性。现已有近千种工作物质,可以产生从紫外光到远红外波段的激光。根据工作物质物态的不同,激光器可分为固体激光器、气体激光器、半导体激光器、液体激光器和自由电子激光器等五大类。

激励源是指为使激光工作物质实现并维持粒子数反转而提供能量来源的机构或装置。通过强光照射工作物质而实现粒子数反转的方法称为光泵。根据激励方式,激光器可分为光学激励式(光泵)、电激励式、化学激励式和核泵浦激励式等四类。

谐振腔是激光器的重要部件,它通常是由具有一定几何形状和光学反射特性的两块反射镜按特定的方式组合而成的。一块平面镜对光几乎全反射,另一块则让光大部分反射,少部分透射出去,使激光可透过这块镜子而射出。谐振腔的作用:①提供光学反馈能力,使受激辐射光子在腔内多次往返以形成相干的持续振荡;②对腔内往返振荡光束的方向和频率进行限制,以保证输出激光具有一定的定向性和单色性。

激光器按照工作方式分为连续激光器和脉冲激光器,大功率激光器通常都是脉冲激光器。

(2)激光器电源:因激光器不同而异,每一种激光器必须有与其对应的电源。激光器的工作方式不同,有在脉冲状态下工作的,也有在连续状态下工作的,每一种激光器必须有与其对应的脉冲电源或连续型电源。对于固体、气体和半导体激光器,其激光器电源也相应地分为脉冲式和连续式两种类型。

(3)光学系统:包括聚焦系统和观察瞄准系统。根据被加工工件的性能要求,光束经放大、整形、聚焦后作用于加工工件上,这种从激光器输出窗口到被加工工件之间的装置称为聚焦系统。为了使激光束准确地聚焦在加工位置,还要有焦点位置调节以及观察瞄准系统。

(4)激光头:激光加工输出光能量的终端机构,主要作用是通过光学镜片组合,先将激光扩束,然后通过光学镜片将激光放大。按照激光加工的功能,激光头可分为激光切割头、激光焊接头、激光熔敷头、激光扫描头、激光打标头等。比如普通的激光切割头由腔体、聚焦透镜座、聚焦镜、电容式传感器和气体喷嘴等零件组成,气体喷嘴采用高压气体将激光熔化的材料吹除,从而形成切缝。

(5)机械(控制)系统:除了机床所需的支承构件、运动部件以及相应的运动控制装置外,还包括机床主机、工作平台及机电数控系统等。机床主机是承载加工件并使加工件与激光束相对运动从而进行加工的机器,加工精度在很大程度上取决于主机的精度和激光束运动时可调节的精度。光束运动的调节和运动轨迹都是靠数控系统来控制的,机床主机需有良好的数控系统和可靠的检测、反馈系统,才可生产出精确的产品。数控系统控制机床实现 X、Y、Z 轴的运动,同时也控制激光器的输出功率。随着电子技术的发展,许多激光加工系统已采用计算机来控制工作台的移动,实现激光加工的连续工作。由于激光加工与普通机械加工不同,它是集光、机、电、材料及检测于一体的系统技术,因此,其数控系统是集光、机、电、控制于一身的激光加工数控系统,是激光加工机床的核心,技术更复杂,智能化程度更高。

(6)其他辅助装备:激光机在正常工作的时候,还需要一些其他的辅助配套设备,来保证激光机的正常运行,如抽风除尘除烟机、冷水机、过滤器、空压机+空气冷却干燥机+储气罐、排渣机等。

3.12.3　训练要求及操作步骤

1.激光雕刻作品设计及加工操作

1)雕刻作品设计

激光雕刻作品设计使用的是某通用绘刻软件,软件界面如图 3.12.2 所示,其操作流程及要点可扫描二维码获知。雕刻作品图设计好后转存为加工需要的格式文件,通过"飞鸽传书"发送至与激光打标机相连的计算机。

2)激光雕刻机加工操作

(1)开机:打开总电源、雕刻机电源和计算机。按下雕刻机操作面板上的"复位"按钮,检查激光头能否回到先前设置的雕刻起点,如不能则按操作规程把雕刻起点调整至要求位置。

(2)雕刻加工操作流程:①打开 LaserCAD 软件,点击"文件"→"导入",查找并选中传过来的".plt"格式文件,点击"打开";②选中要加工的图形,检查要求尺寸之外是否有没清理掉的图或文字等,有则清除;③将加工宽度(↕)和长度尺寸(↔)调整到规定要求;④查找并点击"◀↕"(垂直翻转)图标,确认翻转正常;⑤点击右侧"控制面板"中的"加载",在弹出框中点击"加载当前文件"(见图 3.12.3);⑥将书签竹片料放置于雕刻机内的定位块槽里,并轻轻往右上角推一下(严禁用力推!),再按下操作面板上的绿色"开始/暂停"键,机器即开始加工;⑦雕刻完毕,取出书签,适当擦拭其表面,用针在 $\phi2$ 孔中穿一个流苏小穗等。

图 3.12.2　某通用绘刻软件设计界面

图 3.12.3　激光雕刻加工书签的操作界面

(3)关机:关闭 LaserCAD 软件和计算机,关闭雕刻机电源和总电源。

2. 激光打标作品设计及加工操作

1）打标作品设计

激光打标作品的设计包括矢量图的设计和位图的设置，矢量图的设计使用的是某通用绘刻软件，其操作流程及要点可扫描二维码获知。激光打标作品的位图用的是通用格式的图像，加工前必须用 PS 通用软件进行设置（可扫描二维码获知）到位后才能打标加工。

2）激光打标机加工操作

（1）开关机流程：释放急停开关→打开总电源→打开计算机电源→打开激光器电源→工作台钥匙开关右旋（开）→打开抽烟尘器电源开关；关机流程与开机流程相反。

（2）矢量图加工操作流程：①打开 SeaApp 软件，点击"绘制"→"矢量文件"，查找并选中要加工的".plt"文件，点击"打开"；②框选中要加工的图形，检查要求尺寸之外是否有没清理掉的图或文字等，有则清除；③在左侧"对象属性窗"中检查要加工图形的尺寸是否在规定要求之内，如不在则修改，确认后点击"应用"；④查找并点击"⋈"（垂直镜像）图标，确认图像翻转正常；⑤查找并点击"■"（填充）图标，在弹出框中点击"确定"，比较填充前后的效果，确定是否需要填充；⑥点击右侧"标刻控制窗"中的"红光（F1）"，将加工材料置于垫块上或插入铝块槽内，在红光下找正加工范围，点击"停止"，再点击右侧"标刻控制窗"中的"标刻（F2）"（见图 3.12.4），激光打标机即开始加工。

（3）位图加工操作流程：①打开 SeaApp 软件；②点击"绘制"→"图片文件"，查找并选中要加工的"BMP"或"jpg"图片文件，点击"打开"；③框选中要加工的图形，在左侧"对象属性窗"中检查要加工图形的尺寸是否在规定要求之内，如不在则修改，确认后点击"应用"（切记！）；④勾选左侧"对象属性窗"中的"反转""灰度""固定 DPI"（合适值为 300 左右）、"网点"和"双向扫描"，再点击"应用"（切记！）；⑤点击右侧"标刻控制窗"中的"红光（F1）"，将加工材料置于垫块上或插入铝块槽内，在红光下找正加工范围，点击"停止"，再点击"标刻控制窗"中的"标刻（F2）"（见图 3.12.5），激光打标机即开始加工。

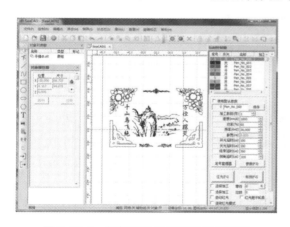

图 3.12.4 打标加工矢量图的操作界面

图 3.12.5 打标加工位图的操作界面

3. 激光内雕作品设计及加工操作

1）激光内雕作品设计

激光内雕作品的设计使用 3DVision 软件，其示例界面如图 3.12.6 所示。

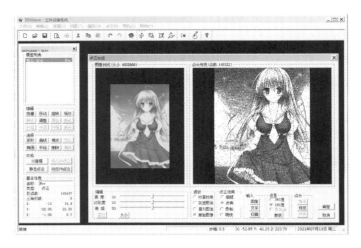

图 3.12.6 用软件设计内雕点云图的示例界面

激光内雕作品云图的设计流程及要点主要如下：

（1）打开桌面 3DVision 软件，点击"点云"→"参数设置（O）"，设置水晶玻璃尺寸（长、宽、高）、层数（6 层），点击"更新"和"确定"。

（2）点击左侧"模型编辑工具栏"中的"静态点云"，点击"点云生成"框中的"图像"，查找并点击"你的图像文件"（bmp、jpeg 等格式），点击"打开"；在"编辑"中调整"亮度""对比度""衰减"，使图片质量更好（见图 3.12.6）。

（3）根据左侧的成像预览黑白图，预估白色部分占整个图幅的百分比（要比较准确），估算图片加工需要的点云数（估算点云数）。

（4）点击"预览"，查看"点云预览（点数：数值）"，比较"数值"与"估算点云数"：①相差不大（±5％之内）则点击"确认"（其他选项："滤波"为原始图像，"点云效果"为古典，"设置"为 180°）；②"数值"比"估算点云数"大很多，则点击"大小"，将"宽度"数值适当改小，点击"完成"和"预览"，再比较，直到满足要求；③"数值"比"估算点云数"小很多，则从第（3）步起重做。

（5）选中"模型编辑工具栏"→"模型列表"中的"显示 点云 NEW"，进行编辑（如移动、旋转、缩放等），使点云图在尺寸框中的位置、大小合适（点云图距尺寸框要有 1～2 mm 的间距，切记每操作完成一步要点击"更新"！）。

（6）点击"静态点云"，点击"点云生成"框中的"文字"，输入文字，点击"字体"，在弹出框中选择"字体""字形""大小"，点击"确定""完成"，适当增加文字的亮度和对比度（增加 20％左右），点击"预览"（其他选项："滤波"为原始图像，"点云效果"为柔和，"设置"为 180°），点击"确认"。不满意则重做。文字的点云图不是必做项，是否需要由学生自主决定。

（7）点击"模型列表"中文字的"显示 点云 NEW"，进行编辑（如移动、旋转、缩放等），使点云图在 20×30 框中的位置、大小合适（点云图距尺寸框要有 1～2 mm 的间距，每操作完成一步要点击"更新"）。

（8）在"模型列表"中框选所做的图形和文字点云图，点击"合并"和"更新"，点击"模型（M）""模型旋转（A）"和"旋转 180 度"，再点击"更新"，即得到满足加工要求的内雕点云图。

（9）点击"模型（M）""模型导出（X）"，在弹出框中选中"桌面（保存位置）"，给文件命名，选择"格式（F）"为".dxf"格式，再点击"保存（S）"。

（10）传送加工文件：打开"飞鸽传书"软件，在"workgroup"中找到并双击打开"激光内雕机 01"，点中要加工的.dxf 格式文件并拖至刚才打开的激光设备弹出框中即可。

2）激光内雕机加工操作

（1）开关机流程：

①开机：打开总电源 → 释放内雕机急停按钮（红色）→ 按下内雕机电源开关（ON）→ 打开计算机 → 打开 Laser Controller（激光控制）软件 → 点击"开启激光器" → 设置激光电流，等待出光（左下角出现"状态：设备外控状态！"即可）→ 打开内雕机操作软件"3DCraft"。

②关机：关闭内雕机操作软件"3DCraft" → 点击 Laser Controller 软件中的"关闭激光器" → 等待激光关闭（左下角出现"状态：可以安全关机了！"即可）→ 关闭计算机 → 按下内雕机电源开关（OFF）→ 按下内雕机急停按钮（红色）→ 关闭总电源。

（2）内雕加工操作流程：

打开"3DCraft"软件 → 点击"平台控制"中的"机械复位"→ 点击"文件""打开"，在桌面"作品接收处"文件夹里找到并选中要加工的.dxf 格式文件，点击"打开（D）"→ 滚动鼠标的滚轮，将点云图缩放到合适大小 → 检查点云图是否是倒立的，点云图总点数是否正确 → 用干净软布擦拭水晶的大双面 → 打开内雕机箱门，将水晶置于规定位置，并确保贴紧左上角的两面 → 关好内雕机箱门 → 点击"雕刻控制"中的"开始（S）"或按下内雕机上的"STARD"按钮，内雕机即开始加工 → 等待加工完成（"雕刻控制"中的"开始（S）"变为黑体字）→ 打开内雕机箱门 →取出水晶作品。（注：第二次加工操作不用再点击"机械复位"。）

3.12.4　训练考核评价标准

每位同学独立完成训练内容后，必须提交自己的竹制书签、金属名片、黑色吊牌和水晶钥匙扣 4 个作品，作为考评的依据。激光加工训练内容及考核评价标准见表 3.12.1。

表 3.12.1　激光加工训练内容及考核评价标准

序号	项目	考核标准	满分值/分
1	书签作品	工程矢量图创意设计、作品质量	20
2	金属名片作品	工程图创意设计、作品（矢量图和位图）质量	20
3	黑色吊牌作品	工程图创意设计、作品（矢量图和位图）质量	20
4	水晶钥匙扣作品	工程点云图设计质量、作品质量	20
5	安全实践	违者扣分	10
6	文明实践与"5S"执行	违者扣分	10

思考题

1.激光是如何形成的？激光有何特点？

2.相对于其他实训工种，激光加工有何特点？有何主要应用？

3.何谓矢量图和位图？采用激光打标工艺加工矢量图和位图时，激光的运行有何不同？

4.激光内雕加工的原理是什么？图形点云数过大或过小对加工作品有何影响？

3.13 电火花加工训练

扫码学习
数字资源

电火花加工（electrical discharge machining，EDM）是利用正负电极之间脉冲性火花放电对金属的腐蚀现象而对材料进行加工的一种加工方法，是特种加工技术领域的一门重要加工技术。电火花加工又称为放电加工或电蚀加工等，是一种完全不同于机械加工的新工艺，不依靠切削力，而利用电、热能来进行加工，是常规切削、磨削加工的重要补充。

电火花加工按照工艺类型，可以分为电火花穿孔成形加工、电火花线切割加工、电火花磨削、电火花高速小孔加工、电火花表面强化等，对试制新产品，以及加工各种特殊材料（如高硬度、高强度、高韧性、高熔点及贵重金属等）和具有复杂结构与特殊工艺要求的零件具有优势，广泛应用于机械（特别是模具制造）、航空航天、电子、核能、仪器、轻工、医疗卫生等领域，且已成为模具制造业的主导加工方法。电火花加工典型零件如图 3.13.1 所示。

图 3.13.1 电火花加工典型零件

3.13.1 训练目标、内容及要求

1. 训练目标

本训练项目一方面通过介绍电火花成形加工的原理、机床构成、基本操作流程，让学生对电火花成形加工有一个初步的了解；另一方面通过使用 CAXA 软件绘制图案，生成线切割加工代码，以及利用电火花线切割机床完成个性化图案加工的全流程，拟达到以下教学目标：

（1）了解电火花加工的原理、分类及应用；

（2）了解电火花成形加工机床的工作原理及基本操作流程；

（3）了解电火花线切割加工的原理、机床的类型及构成；

（4）掌握电火花线切割自动编程及机床基本操作方法。

2. 训练内容

（1）学习电火花加工的起源、原理、工艺类型及应用范围。

（2）电火花成形加工训练：学习机床的组成部分、工作原理、基本操作流程。

（3）电火花线切割加工训练：了解电火花线切割加工的原理、机床分类及构成；学习使用 CAXA 软件绘制、处理图形，规划加工轨迹，生成加工程序代码，并完成自主设计；学习数控电火花线切割机床的基本操作流程并完成加工。

3. 训练安全注意事项

（1）机床开动前，必须认真仔细检查机床各部件和防护装置是否完好、安全可靠，工作液是否充足，并空载运行 2～3 min，检查机床运转是否正常。

（2）恰当地选取加工参数，并按规定的操作顺序进行操作。

（3）机床运行时，严禁用手触摸机床的工作台部分。装卸工件、工具电极，以及清理工作液箱等操作均应在停止加工的状态下进行。

（4）加工结束后，必须将手轮置于停机位置，电极丝移至工作区域中间，关机并切断电源。

3.13.2　训练软件及设备

1. 训练软件

电火花线切割加工常用的编程软件有 CAXA 线切割、AUTOP、YH 等，下面以 CAXA 线切割编程软件为例进行介绍。CAXA 线切割是在 CAXA 电子图板的基础上开发而来的，其与 CAXA 电子图板相比多了一个下拉菜单——"线切割（W）"菜单，如图 3.13.2 所示。

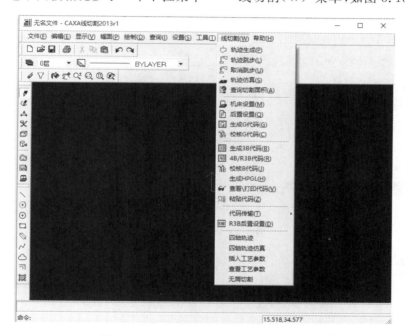

图 3.13.2　CAXA 线切割软件操作界面

1）加工模型的获取

CAXA 线切割软件加工模型的获取方式主要有以下三种。

（1）按 CAXA 电子图板的方法，利用基本及高级绘图指令、编辑指令绘制个性化图形。"绘制"菜单及其子菜单如图 3.13.3 所示。

（2）利用 CAXA 线切割软件的位图矢量化功能，将位图处理为矢量图。进入"绘制"→"高级曲线（A）"→"位图矢量化（V）"→"矢量化（V）"，如图 3.13.4 所示，在弹出的窗口中找到相应的位图文件并打开，则可得到矢量化的图形。

（3）利用 CAXA 线切割软件的数据接口功能，读取其他格式的图形，如应用 AutoCAD 软件绘制的 DWG/DXF 文件。图 3.13.5 所示为文件导入方法。

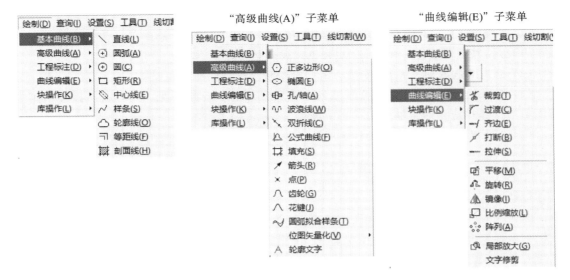

图 3.13.3　绘图菜单及其子菜单

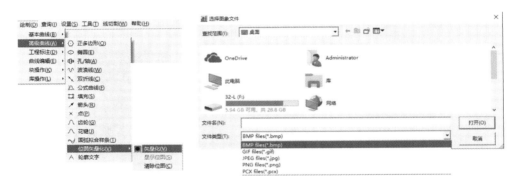

图 3.13.4　位图矢量化

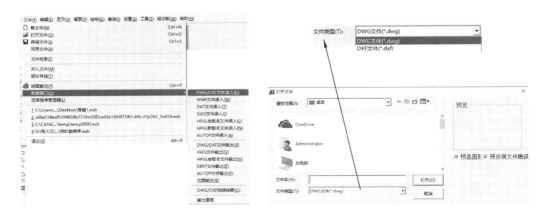

图 3.13.5　文件导入

2）线切割程序的编制

在根据上述方法获取的图形文件基础上,设置相应的加工参数,生成单条轮廓的线切割加工轨迹。具体操作方法如下：

（1）进入"线切割"→"轨迹生成"，对于"切割参数"选项卡，"切入方式"设置为"指定切入点"，"切割次数"如无特殊要求，一般设置为"1"，对于"偏移量/补偿值"选项卡，设置电极丝的偏移量 f 为 0.1（f＝电极丝半径＋单边放电间隙），如图 3.13.6 所示。

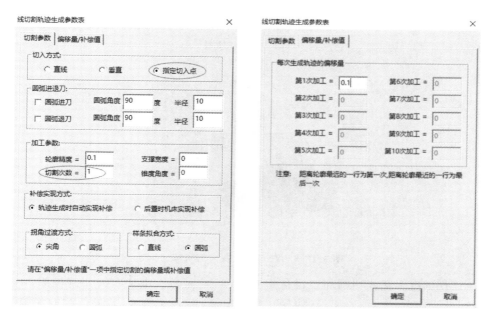

图 3.13.6　工艺参数设置

（2）根据窗口左下角提示栏，依次选取轮廓、切割方向、偏置方向、起丝点、退丝点、切入点。

（3）进入"线切割"→"生成 3B 代码（B）"，在弹出的对话框里选择文件存储位置并输入文件名，点击"保存"，根据窗口左下角提示栏选取加工轨迹，单击鼠标右键或者点击键盘回车键完成轨迹代码的生成，如图 3.13.7 所示。

图 3.13.7　生成 3B 代码

2.训练设备

本训练使用的电火花成形加工设备是单轴（ZNC）电火花成形机床，主要由机床本体（包括工作台、床身、主轴头、立柱等）、工作液箱、控制柜、脉冲电源构成，其外形结构如图 3.13.8 所示。

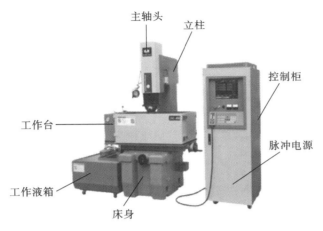

图 3.13.8　ZNC 电火花成形机床结构

训练使用的电火花线切割加工设备是 CTW320TA 数控电火花线切割机床，主要由机床本体（包括工作台、床身、丝架、立柱等）、脉冲电源、控制柜构成，其外形结构如图 3.13.9 所示。

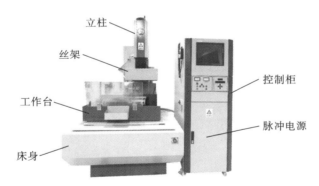

图 3.13.9　数控电火花线切割机床结构

3.13.3　训练要点及操作步骤

1.电火花成形机床操作

ZNC 电火花成形机床主要操作步骤如下。

（1）开机：打开机床控制柜总电源开关，并顺时针旋转松开急停按钮。

（2）安装工件及工具电极并找正：分别将工件及工具电极安装在工件夹具及电极夹头上，并完成找正。

（3）设置电参数：在"加工"界面，完成加工工艺参数的设置。

（4）加工：点击"PUMP"按钮打开工作液，调整冲油位置使其对准加工面；点击"CYCLE"按钮开始放电加工。

（5）关机：加工完毕后停止放电，取出工件及工具电极，按下急停按钮，关闭控制柜总电源。

2. 电火花线切割机床操作

CTW320TA 数控电火花线切割机床主要操作步骤如下。

（1）开机：打开线切割机床控制柜总电源及主机电源。

（2）工件装夹：将工件正确放置在夹具上，并将其固定。

（3）电极丝位置调整：操作手控盒移动电极丝，将其调整至起丝点位置。

（4）程序校验：运行线切割软件，选择虚拟卡，打开加工程序代码，在"空走"模式下检查程序是否正确。

（5）加工：运行线切割软件，选择 1 号卡，打开验证无误的程序代码，依次点击控制面板"运丝""水泵"按钮，点击软件"开始加工"标签，机床开始加工。

（6）关机：加工完毕后机床停止运行，操作手控盒移动电极丝，使其远离加工区域，取出工件，关机并关闭控制柜总电源。

3.13.4　训练考核评价标准

电火花加工训练内容及考核评价标准见表 3.13.1。

表 3.13.1　电火花加工训练内容及考核评价标准

序号	项目及技术要求	考核标准	满分值/分
1	基本操作	通过指导能独立规范操作，得分大于 35 通过指导能规范操作，偶有失误，得分为 29～35 通过指导能规范操作，能对错误部分进行修正，得分为 24～29 在指导下，操作不熟练，多次出错，需反复改进，得分低于 24	40
2	线切割程序的正确性	包括起丝、退丝点的设置，以及图形的 X、Y 方向坐标范围	20
3	线切割作品设计创意	根据图形轮廓复杂性及作品设计创意，视情况扣 2～5 分	20
4	安全实践	违者扣分	10
5	文明实践与"5S"执行	违者扣分	10

思考题

1. 电火花加工有哪些特点？适用于哪些场合？

2. 电火花加工有哪些局限性？

3. 生成线切割加工程序代码的时候要注意哪些问题？

第4章　电工电子技术

4.1　电子工艺基础训练

电子工艺基础主要包含电子产品的工艺工作程序、常用电子元器件识别及其检测、常用电子材料、印制电路板设计与制作工艺技术、焊接工艺、电子产品装配工艺、表面组装工艺技术、电子产品调试工艺、电子产品全面质量管理与 ISO 9000 质量标准等内容。

扫码学习
数字资源

本节主要介绍电子工艺基础中的电子元器件的识别与测试基础知识、电子元器件手工焊接技术、焊接机理、焊接材料以及手工焊接工具的使用方法。

4.1.1　训练目标、内容及要求

1. 训练目标

（1）掌握常用电子元器件的识别与测试基础知识；

（2）了解锡焊机理和特点，了解焊接材料、焊接与装配，了解电子工业生产中焊接技术的种类及应用；

（3）了解电子元器件引线成形工艺规范；

（4）了解手工锡焊技术要点、锡焊质量判别标准及影响因素、锡焊缺陷及产生的原因。

2. 训练内容

（1）掌握常用电子元器件的识别与测试方法；

（2）熟悉数字万用表、直流稳压源、信号发生器、示波器、LCR 数字电桥等电子仪器仪表的操作，熟悉使用相关电子仪器仪表对常用电子元器件质量进行检测的方法；

（3）掌握手工锡焊工艺，掌握电子焊接和装配工具的使用方法；

（4）熟悉拆焊、再焊的方法和技术要领。

3. 训练安全注意事项

（1）焊接电子元器件时必须穿戴工作服；

（2）烙铁电源线与地线的连接应正确；

（3）烙铁线不要被烙铁头烫破；

（4）不用烙铁时，要将烙铁放到烙铁架上，以免烫伤自己或他人；长时间不用要切断电源，防止烙铁头氧化，防止烧坏周围东西导致火灾等；

（5）操作烙铁时，一定要确保在安全范围内，不要拿烙铁对人嬉闹；

（6）合金烙铁头（长寿烙铁）不能用锉刀修整；

（7）操作者头部要与烙铁头之间保持 30 cm 以上的距离。

4.1.2　训练设备

常用的电子焊接与装配工具主要有螺丝刀、尖嘴钳、斜口钳、剥线钳、镊子、电烙铁、热风拆焊台等。

1. 螺丝刀(起子)

螺丝刀又称起子、改锥,有"一"字形和"十"字形两种,专门用于拧螺钉。起子应根据螺钉的大小选用,起子刀口厚薄与宽度均需配合,但在拧时不要用力太猛,以免螺钉滑口。图4.1.1 所示是螺丝刀图片。

2. 尖嘴钳

尖嘴钳主要用来夹持零件、导线及元器件引脚的弯折。尖嘴钳内部有一剪口,可以用来剪断 1 mm 以下细小的线缆,尖嘴钳不宜用于敲打物体或夹持螺母。图 4.1.2 所示是尖嘴钳图片。

图 4.1.1　螺丝刀

图 4.1.2　尖嘴钳

3. 斜口钳(偏口钳)

斜口钳常用于剪断导线和修剪焊接后的元器件引脚。图 4.1.3 所示是斜口钳图片。用斜口钳剪线时,应将线头朝下,以防止断线伤及眼睛或其他同学;斜口钳不可用来剪断铁丝或其他金属物体,以免损伤钳口。

4. 剥线钳

剥线钳可用于剥离导线的绝缘外层。使用时注意将需剥皮的导线放入合适的槽口,剥皮时不能剪断导线。图 4.1.4 所示是剥线钳图片。

图 4.1.3　斜口钳

图 4.1.4　剥线钳

5. 镊子

镊子可用来夹持导线、小的元器件和贴装器件,辅助焊接,弯曲电阻、电容和导线,方便装配和焊接。镊子的种类很多,主要使用的有两种:尖头镊子和弯头镊子。注意:不要把镊子对准人的眼睛或其他部位。此外,用镊子夹持元器件焊接还可以起到散热的作用。图 4.1.5 所示是镊子图片。

图 4.1.5　镊子

6. 电烙铁

常用的焊接工具是电烙铁,它的作用是把电能转化为热能,以加热工件,熔化焊锡,使元器件和焊件牢固地连接在一起。

电烙铁的种类比较多,常用的电烙铁分为直热式、恒温式和吸锡式等。

(1)直热式电烙铁。按功能可分为内热式、外热式。由图 4.1.6 所示的电烙铁内部结构可以看出,内热式和外热式的主要区别在于发热元件在传热体的内部还是外部。内热式电烙铁的能量转换效率高。

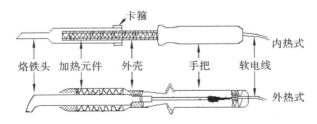

图 4.1.6　电烙铁内部结构

烙铁头的温度与烙铁头的体积、形状、长短等都有一定的关系。为适应不同焊接的要求,烙铁头的形状有所不同。

(2)恒温式电烙铁。969D 恒温式电烙铁有普通型及防静电型两种。其特点是消耗功率为 60 W,输入电压为交流 220 V、50 Hz,输出电压为直流 24 V,控温范围为 150 ℃~450 ℃,如图 4.1.7 所示。

(3)吸锡式电烙铁。吸锡式电烙铁是一种将活塞式吸锡器与电烙铁融为一体的拆焊工具,具有使用方便、灵活、适用范围宽等优点,不足之处是每次只能对一个焊点进行拆焊。

7. 热风拆焊台

850B 热风拆焊台机身小巧,能大幅度调节空气量及温度,可用于拆除采用 QFP、SOP 及 PLCC 等技术封装的芯片。由于采用了防静电设计,该拆焊台可有效保护元器件的安全。由于采用了自动冷却系统,即使关上电源,该拆焊台的自动冷却系统仍可以继续工作,可延长发热元件及手柄的寿命。850B 热风拆焊台的消耗功率为 30 W(待机时为 4 W),风量为 23 L/min,控温范围为 100~420 ℃,如图 4.1.8 所示。850B 热风拆焊台在使用时喷嘴与元件必须保持一定的距离。

图 4.1.7　969D 恒温式电烙铁　　　　　　　**图 4.1.8　0850B 热风拆焊台**

4.1.3　焊接材料

焊接材料主要包括有铅焊料、无铅焊料和焊剂。

1. 有铅焊料——铅锡合金

锡(Sn)是一种质软、低熔点金属,常温下抗氧化性强,能与多种金属反应,形成金属化合物。纯锡质脆,但是力学性能差。

铅(Pb)是一种软金属,熔点为 327 ℃;虽然塑性好,有较好的抗氧化性和抗腐蚀性,但是力学性能很差。

　　锡和铅熔成合金即铅锡合金,合金中 Sn 的质量占 61.9%、Pb 的质量占 38.1% 的合金称为共晶合金,对应熔点是 183 ℃,是 Pb-Sn 焊料中性能最好的一种,有以下优点:

　　(1) 熔点低,可防止元器件损坏。

　　(2) 熔点和凝固点一致,可使焊点快速凝固增大强度。

　　(3) 流动性好,表面张力小,有利于提高焊点质量。

　　(4) 强度高,导电性好。

　　焊锡丝直径(mm)有 0.5、0.8、1.0、1.2、1.5、2.0 等。

2. 无铅焊料

　　无铅焊料为锡、银、铜焊料。随着欧盟 RoSH 法令(《关于限制在电子电气设备中使用某些有害成分的指令》(简称 ROHS 指令))的颁布,无铅焊料已被很多生产厂商采用。

　　焊锡丝内部填有松香的称为松香焊锡丝,在使用松香焊锡丝焊接时,可以不加助焊剂;另外一种是没有松香的焊锡丝,使用时要加助焊剂。

3. 焊剂

　　焊剂也称助焊剂,它是锡焊中最重要的材料之一。采用焊剂可改善焊接性能,破坏金属表面的氧化物,又能覆盖在焊料表面,防止焊料或金属进一步氧化,同时增强焊料与金属表面的活性,帮助焊料流展,增强浸润功能。通常使用的焊剂是松香或者松香水,松香水是将松香溶在酒精中形成的。

　　助焊剂的三大作用:①去除氧化膜;②防止氧化;③减小表面张力,增加焊锡流动性,有助于焊锡润湿焊件。

4.1.4　训练要点及操作步骤

1. 常用电子元器件识别与测试

　　常用电子元器件识别的主要内容包括元器件的识别,元器件性能测试,二极管、三极管引脚极性判别和好坏检测。

2. 锡焊的机理

　　锡焊过程是将表面清洁的焊件与焊料加热到一定温度,焊料熔化并润湿焊件表面,在其界面上发生金属扩散并形成结合层的物理-化学过程。

　　锡焊应该具备以下几个基本条件:可焊性、表面清洁、合适的焊剂、适当的加热温度和合适的焊接时间。锡焊的目的是形成合格的焊点。一个合格焊点都是由润湿、扩散和形成结合层三个阶段形成的。

　　润湿就是在金属表面形成均匀、平滑、连续并附着牢固的焊料层,它是液体在固体表面发生的一种物理现象。润湿角越小,润湿越充分。

　　金属之间扩散的主要条件有两个:一个是距离,即两块金属必须接近到足够小的距离;另一个是温度,即只有在一定温度下金属分子才具有动能。

　　焊料润湿焊件的过程中,焊料在焊件界面间扩散,使得焊料和焊件界面上形成一种新的金属合金层——结合层,将它们结合成一个整体。

3. 电子元器件锡焊的分类

　　电子元器件锡焊分为手工焊接、浸焊、波峰焊、回流焊等 4 种焊接工艺。

（1）手工焊接。手工焊接是电子产品装配中的一项基本操作技能，适合于产品试制、电子产品的小批量生产、电子产品的调试与维修以及某些不适合自动焊接的场合。

（2）浸焊。浸焊是将安装好元器件的印制电路板，浸入装有熔融焊料的锡锅内，一次完成印制电路板上全部元器件焊接的方法。常见的浸焊有手工浸焊和自动浸焊两种形式。

手工浸焊是由人工用夹具将已插接好元器件、涂好助焊剂的印制电路板浸在锡锅内，完成浸锡的方法。自动浸焊是一种高效、高质量电子元器件连接工艺，在电子产品制造过程中应用十分广泛。

（3）波峰焊。波峰焊是电子产品 PCBA 焊接工艺，波峰焊主要针对插件元件。波峰焊的机理是把熔融的焊锡液经电动泵或电磁泵喷流成设计要求的焊料波峰，然后插件好的 PCBA 线路板由传送带以一定速度和倾斜度通过波峰，完成焊接。波峰焊设备如图 4.1.9 所示，适合大批量生产。

（4）回流焊。回流焊又称再流焊，主要用于 SMT，它是通过重新熔化预先放置的焊料而形成焊点，在焊接过程中不再添加任何焊料的一种焊接方法。回流焊机一般由预热区、保温区、再流区、冷却区等几大温区组成，如图 4.1.10 所示。

图 4.1.9　波峰焊设备

图 4.1.10　回流焊机

4. 手工焊基础

（1）锡焊五步法。

锡焊五步法具体实施步骤如下。

第 1 步，准备。烙铁头和焊锡靠近被焊工件，并认准位置，处于随时可以焊接的状态，如图 4.1.11(a)所示。

第 2 步，放上烙铁。将烙铁头放在工件上进行加热，如图 4.1.11 (b)所示。

第 3 步，熔化焊锡。将焊锡丝放在烙铁头与工件接触处，熔化适量的焊锡，如图 4.1.11(c)所示。

第 4 步，拿开焊锡丝。待焊锡充满焊盘后，迅速拿开焊锡丝，如图 4.1.11 (d)所示。

第 5 步，拿开烙铁。焊锡的扩展范围达到要求后，拿开烙铁，如图 4.1.11 (e)所示。

（2）铜丝焊接训练。

（3）通孔元件焊接训练。

（4）导线焊接训练。

（5）基本电子电路(通孔元器件)焊接训练。

（6）贴片电子元器件的手工焊接训练。

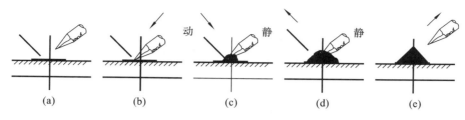

图 4.1.11　锡焊五步法

5. 拆焊

一般电阻、电容、晶体管等管脚不多，可用烙铁直接拆焊。方法是将印制板竖起来夹住，一边用烙铁加热待拆元器件的焊点，一边用镊子或尖嘴钳夹住元器件将引线轻轻拉出。

当需要拆下多个焊点且引线较硬的元器件时，一般有以下三种方法。

（1）采用专用烙铁头，一次可将所有焊点加热熔化取出。

（2）采用吸锡烙铁或吸锡器。这种工具对拆焊是很有用的，既可以拆下待换的元件，又不堵塞焊孔，而且不受元器件种类限制。

（3）用吸锡材料。可用于吸锡的材料有屏蔽线编织层、细铜网以及多股导线等。将吸锡材料浸上松香水贴到待拆焊点上，用烙铁头加热吸锡材料，通过吸锡材料将热传到焊点熔化焊锡。熔化的锡沿吸锡材料上升，从而可将焊点拆开，这种方法简便易行，且不易烫坏印制板。

6. 焊点质量标准及缺陷分析

合格的焊点应该满足下面的要求：

（1）焊锡充满整个焊盘，形成对称的焊角。如果是双面板，焊锡还要充满过孔；

（2）焊点外观光滑、圆润、对称于元器件引线，无针孔、无沙眼、无气孔；

（3）焊点干净，见不到焊剂的残渣，在焊点表面应有薄薄一层焊剂；

（4）焊点上没有拉尖、裂纹和夹杂；

（5）焊点上的焊锡要适量，焊点的大小要和焊盘相适应；

（6）焊点有足够的力学强度。

4.1.5　训练考核评价标准

考评的目的在于对学生在工程训练过程中所表现出来的态度、技术熟练程度，以及对训练内容的了解、掌握程度等做出合理的评价。电子工艺基础训练内容及考核评价标准如表4.1.1所示。

表 4.1.1　电子工艺基础训练内容及考核评价标准

序号	训练内容	考核标准	满分值/分
1	铜丝焊接训练	基础得分，无焊盘脱落，完成全部焊盘焊接	40
2	通孔元件焊接训练	元件全部焊接完成，极性正确，无空焊、虚焊、半焊、少锡、薄锡	15
3	导线焊接训练	导线焊盘饱满，焊盘与导线之间无裸露线芯	5
4	基本电子电路（通孔元器件）焊接训练	元件焊接正确，焊盘符合标准，通电后，电路正常工作	10

续表

序号	训练内容	考核标准	满分值/分
5	贴片电子元器件的手工焊接训练	元件焊接正确,焊盘符合标准,通电后,电路正常工作	10
6	安全实践	违者扣分	10
7	文明实践与"5S"执行	违者扣分	10

思考题

1.利用锡焊工艺焊接电子元器件时,焊接前应注意哪些事项?

2.简述手工焊锡五步法。

3.焊接的操作要领是什么?

4.焊接中为什么要用助焊剂?

5.焊点质量的基本要求是什么?

4.2 PCB 设计与制作训练

印制电路板就是按照预先设计的电路,在绝缘基板的表面或其内部形成印制元件或印制线路以及两者结合的导电图形,绝缘基材上没有安装电子元器件,只有布线电路图形的半成品板。印制电路板也叫 PCB(printed circuit board,PCB)。PCB 分为刚性 PCB 和柔性 PCB。PCB 在航天、军事、移动通信、笔记本电脑、计算机外设、PDA、数字相机等领域或产品上得到了广泛的应用。

扫码学习
数字资源

4.2.1 训练目标、内容及要求

1.训练目标

(1) 了解 PCB 基本知识及分类;

(2) 熟悉简单电子线路 PCB 计算机辅助设计方法;

(3) 了解 PCB 制作工艺分类及特点,以及化学刻蚀法、机械雕刻法、激光雕刻法、液态金属打印法等 PCB 制作工艺。

2.训练内容

(1) 熟悉利用 Altium Designer 20 设计电路原理图的基本方法,练习绘制图 4.2.1 所示的原理图。

(2) 了解由电路原理图生成网络文件的方法,练习执行相关命令生成网络文件。

(3) 了解利用 Altium Designer 20 设计 PCB 的方法,完成图 4.2.2 所示 LED 电路的 PCB 图设计的练习。具体要求是:外框尺寸为 70 mm×60 mm,内框(禁止布线层)尺寸为 66 mm×56 mm,网络 Vin、Vout 和 GND 布线的线宽为 1.5 mm,其余线宽为 1 mm。PCB 设计为单面板。要求 PCB 布局合理,走线尽量最优化。

(4) 了解利用 Altium Designer 20 生成制造文件的方法,并练习利用 Altium Designer 20 生成制造文件。

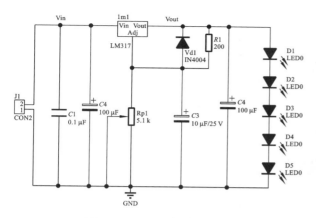

图 4.2.1　LED 电路原理图

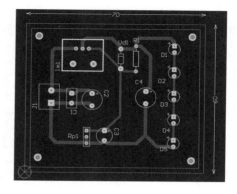

图 4.2.2　LED 电路的 PCB 图

（5）掌握使用 PCB 雕刻机制作刚性单面印制电路板的操作技能。

（6）了解使用液态金属打印机制作柔性电子产品印制电路板的方法。

4.2.2　训练用 Altium Designer 20 软件

PCB 设计软件一般都包含原理图设计和 PCB 设计两大模块，较复杂先进的 PCB 设计软件可能还包含电路仿真分析模块等。Altium Designer 系列软件是 Altium 公司开发的 EDA 软件，它包含电路原理图绘制、模拟电路与数字电路混合信号仿真、多层印制电路板设计（包含印制电路板自动布线）、可编程逻辑器件设计、图表生成、电子表格生成、支持宏操作等功能，并具有 Client/Server（客户/服务器）体系结构，同时还兼容一些其他设计软件（如 OrCAD、PSpice 和 Excel 等）的文件格式，其多层印制线路板的自动布线可实现高密度 PCB 的 100% 布通率。

1. Altium Designer 20 的窗口界面

启动 Altium Designer 20 软件，进入该软件的设计主页面，如图 4.2.3 所示。页面主要由系统工具栏、系统主菜单、搜索工具栏、系统设置按钮、工作区面板、工作区、面板切换按钮（弹出式面板、面板转换和弹出式菜单）等组成。用户可以使用该页面进行项目文件的操作，如创建新项目、打开文件、配置设计环境等。

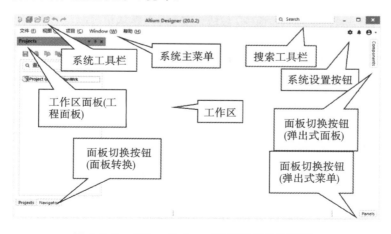

图 4.2.3　Altium Designer 20 软件设计主页面

2. PCB 设计流程概述

利用 Altium Designer 20 设计 PCB 的流程如图 4.2.4 所示。它主要包含启动 Altium Designer 20、建立工程文件、建立原理图文件、原理图工作环境设置(如果设计需要,还包含元件库与封装库的加载)、绘制原理图、编译原理图、建立 PCB 设计文件、导入网络表、PCB 设计以及制造文件生成等。

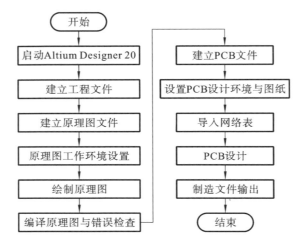

图 4.2.4 利用 Altium Designer 设计 PCB 的流程

3. 原理图设计方法

(1) 建立工程文件。启动 Altium Designer 20 软件,执行"文件(F)"→"新的…(N)"→"项目(J)…"命令,在"Project Name"下的栏目中,填写工程文件名,在"Folder"下的栏目中,填写设计文件存放的路径,完成后单击"Create"按钮。

(2) 建立原理图文件。执行"文件(F)"→"新的…(N)"→"原理图(S)"命令,建立原理图文件。将新建原理图文件重命名为"led"(扩展名为 * . SchDoc)。

(3) 设置原理图设计环境。在"Properties"图纸参数设置面板中,在"Units"栏目下,单位选择英制"mils";"Visible Grid"为"100 mil",设置为可见;"Snap Grid"为"100 mil",选中"Snap Grid"前面的复选框;选中"Snap to Electrical Object Hotspots"前面的复选框;"Snap Distance"为"40 mil"。

在"Page Options"(图纸设置选项)对话框中,采用默认值"Standard"。

(4) 原理图设计。

①加载库文件"LM317&SMT. PcbLib"。

②放置元器件。在加载的元件库中选中"CAP"元件,在"Designator"栏中键入 C1,以此值作为第一个元件序号。放置电路原理图中所有元件。

③连线。执行"放置(P)"→"线(W)"命令,绘制连线。

④放置网络标号(电路中的等电位点)。点击" Net| "按钮,单击"Tab"键,在"Net Name"一栏填入"Vin"网络标号,点击" ⏸ "关闭对话框,再将网络标号移到电源线上,单击左键即可。按照上述方法再放置"Vout"网络标号。

(5) 编译工程。执行"工程(C)"(Project)→"Compile PCB Project led. prjpcb"命令。当项目被编译后,编译中的任何错误都将显示在"Messages"面板上,如果电路图有严重的错误,"Messages"面板将自动弹出,否则"Messages"面板不出现。项目编译完后,在"Navigator"面板中将显示所有对象的连接关系。

4. PCB 设计方法

(1)建立 PCB 文件并保存。执行"文件(F)"→"新建…(N)"→"PCB(P)"命令,建立 PCB 文件。将新 PCB 文件重新命名为"led-pcb1"并保存。

(2)设置设计环境。单击键盘上的"Q"键,将坐标单位切换到"mm"。在 PCB 工作区,单击键盘上的"G"键,在弹出的菜单中,选中"1.000 mm",并单击左键,完成栅格属性,步进 1 mm。

(3)确定电路板尺寸。电路板尺寸使用机械层(Mechanical 1),画的是外框;布线区域使用禁止布线层(Keep Out Layer),画的是内框。

设置原点坐标。方法是:执行"编辑(E)"→"原点(O)"→"设置(S)"命令,设定原点。将当前层切换到"Mechanical 1",执行"放置(P)"→"走线(L)"命令,画一个 70 mm×60 mm 的矩形。

确定 PCB 布线框尺寸。方法是:将当前层切换到"Keep-Out Layer"层,执行"放置(P)"→"Keepout(K)"→"线径(T)"命令,在距离电路板边框尺寸 2 mm 处,单击左键开始画线,画一个封闭矩形。

将当前层切换到"Top Overlayer"层,执行"放置(P)"→"尺寸(D)"→"尺寸(D)"命令,标注尺寸。

放置定位螺孔钉。方法是:执行"放置(P)"→"过孔(V)"命令,放置电路板的螺钉孔;单击"Tab"键设置孔属性,将外径(Diameter)设置为 3 mm,内径设置为 2 mm。

(4)加载网络表。方法是:执行"设计(D)"→"Import changes from led. prjpcb"命令,打开"工程变更指令"对话框,点击"验证变更"按钮,再点击"执行变更"按钮,当状态栏下面的"检测"和"完成"栏下面全部出现绿色"√",说明加载正确;单击"关闭"按钮。

(5)放置元器件并布局电路。方法是:按住"Ctrl"键,并滚动鼠标的滚动轮,使屏幕缩小,可以看到电路所需的元器件封装符号在 PCB 的右边。

将光标放在所需移动的元件上,按住左键不动,然后,将元件拖入紫色方框中适合的位置,松开左键即可。用同样的方法,将所有元件封装符号用鼠标拖入紫色方框中,并放置到适合的位置。删除 led1 红色区域,使紫色区域的元器件变成黄色。

(6)设置设计规则。布局完成后,在自动布线之前,要进行布线规则的设置。方法是:执行快捷键"D"→"R",弹出"PCB 规则及约束编辑器"对话框,按照如下的内容填写。

①设置安全间距,双击"Electrical"及其下面的子项,将安全距离(Clearance)设置为默认值(0.254 mm),点击"应用"按钮。

②设置布线规则,网络 Vin、Vout 和 GND 的线宽都设置为 1.5 mm,网络 all 的线宽设置为 1.5 mm。

③设置布线层。方法是:双击"Routing Layers",在展开的子项中,将光标放在"RoutingLayers"上单击,在弹出的对话框中,将"Bottom Layer"前面的复选框选中,"Top Layer"前面的复选框不选。

(7)自动布线和手工修改布线。

①自动布线。方法是:执行"布线(U)"→"自动布线(A)"→"全部(A)…"命令,在弹出的对话框中,选择"Default 2 Layer Board",点击"Route All"按钮,对全电路自动布线。

②人工修改。方法是：布线完成后，选择当前层为"Bottom Layer"层；执行"放置(P)"→"交互式布线(T)"命令，进行交互式布线，重新绘制不适合的线段。

5. 输出制造文件

（1）生成 Gerber 文件，方法是：执行"文件(F)"→"制造输出(F)"→"Gerber Files"命令，在弹出的界面中，在选中"通用"按钮的情况下，"单位"选择"毫米"，"格式"选择"4∶4"；再单击"层"按钮，将"出图"下面的复选框都选中；然后，单击"确定"按钮，生成 Gerber 文件，即生成制造文件。

（2）生成孔文件。方法是：执行"文件(F)"→"制造输出(F)"→"NC Drill Files"命令，在弹出的"NC 钻孔设置"对话框中，"单位"选择公制"毫米"，"格式"选择"4∶4"，其他选择缺省即可；按"确定"按钮，出现导入钻孔数据界面，默认缺省值；按"确定"即可生成钻孔文件。该文件以文本的格式存放。

4.2.3　训练设备

刚性 PCB 常用制作方法有化学刻蚀法、机械雕刻法和激光雕刻法。柔性 PCB 目前主要的制作方法是液态金属打印法，液态金属打印法也可以用于制作刚性 PCB。覆铜板是电子制造工业的基础材料，它主要用于加工制造 PCB。作为 PCB 的重要基础材料，覆铜板承担着 PCB 的导电、绝缘、支撑和信号传输等四大功能，并对 PCB 的可加工性、制造成本、可靠性等指标起着决定性作用。覆铜板全名为覆铜板层压板，它是由木浆纸或玻纤布等作增强材料，并用树脂浸泡，单面或双面覆以铜箔，经热压而成的一种板材。

1. 数控钻铣雕一体机

数控钻铣雕一体机如图 4.2.5 所示，它的主要用途是对 PCB 板进行钻孔、铣边、线路雕刻等加工。该设备主要由传动机构（步进电动机＋进口精密导杆＋进口精密轴承＋进口滚珠丝杠）、驱动机构（3 个 128 细分大功率步进电动机驱动器）和计算机软件组成。

2. 线路板激光雕刻机

线路板激光雕刻机拥有激光雕刻线路功能，采用工控机操作方式。该机拥有一个光纤红外激光器，不仅适用于线路板雕刻，同时适用于各种板材的二维雕刻，也可用于特定数控加工及数控教学。图 4.2.6 所示是线路板激光雕刻机整机结构图。

图 4.2.5　数控钻铣雕一体机

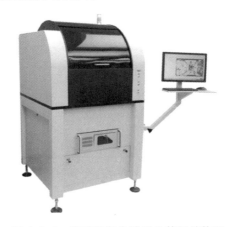

图 4.2.6　线路板激光雕刻机整机结构图

3. 液态金属创新电子制造系统

　　SMART800 PCB 高速印刷机是全球首款利用液态金属导电墨水,快速生成柔性、刚性、可拉伸电路的高性能产品。液态金属打印 PCB 快速制作系统主要由 SMART800 PCB 高速印刷机、打印机、计算机和液态金属电子电路打印机控制软件组成,如图 4.2.7 所示。

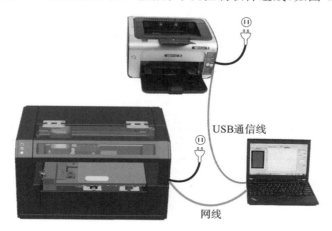

图 4.2.7　液态金属打印 PCB 快速制作系统

4.2.4　训练要点及操作步骤

1. 熟悉电路并设计原理图

(1) 读懂图 4.2.1 所示的电路原理图,并熟悉原理图中相关的符号与封装符号;

(2) 利用 Altium Designer 20 软件设计与绘制图 4.2.1 所示的原理图;

(3) 生成网络文件;

(4) 设计柔性电路板。

2. 设计 PCB

(1) 外框为 70 mm×60 mm,内框(禁止布线层)为 66 mm×56 mm;

(2) 设置网络 Vin、Vout 和 GND 布线的线宽为 1.5 mm,其余线宽为 1 mm;

(3) 要求 PCB 设计为单面板,采用手动与自动相结合的方式完成 PCB 设计;

(4) 要求 PCB 布局合理,走线尽量最优化。

3. 制作 PCB

(1) 生成 CAM 文件;

(2) 熟悉数控钻铣雕一体机的使用方法;

(3) 利用数控钻铣雕一体机制作 PCB;

(4) 熟悉液态金属创新电子制造系统的使用方法;

(5) 制作柔性电路板。

4.2.5　训练考核评价标准

　　考评的目的在于对学生在工程训练过程中所表现出来的态度、技术熟练程度,以及对训练内容的了解、掌握程度等做出合理的评价。考评表如表 4.2.1 所示。

表 4.2.1　PCB 设计与制作训练内容及考核评价标准

序号	训练内容	考核标准	满分值/分
1	Altium Designer 20 软件使用	基础得分,参与训练即可得分	25
2	电路原理图设计	等电位点、电路连接、器件封装、图面规范等使用正确	20
3	PCB 设计	按要求设置板面尺寸和布线设置规则,PCB 布局与布线合理	20
4	PCB 制作	完成 PCB 焊盘与过孔加工,隔离深度合适	10
5	柔性电路制作	焊接正确,电路正常工作	5
6	安全实践	违者扣分	10
7	文明实践与"5S"执行	违者扣分	10

思考题

1. 简述 PCB 的定义。

2. 简述数控钻铣雕一体机的使用方法。

3. 简述 Altium Designer 20 主要面板和作用。

4. 简述使用 Altium Designer 20 设计 PCB 的流程。

5. 简述可见栅格、捕捉栅格、电气栅格的含义。

6. 如何进入图纸设置界面,如何设置图纸大小、方向?

4.3　电子产品装配训练

电子产品的组装有两种情况:一种是产品方案试验性组装,另一种是产品定型后的组装。前者是为后者服务的,只有经过产品方案试验确认所设计的电路无问题后,才能制作印制电路板并进入产品定型后的组装。

扫码学习
数字资源

由于电子元器件的离散性和装配工艺的局限性,装配完的整机一般都要进行调试,在电子产品的生产过程中,调试是一个非常重要的环节。调试工艺水平在很大程度上决定了整机的质量。调试通常是电子产品制作的最后一步。调试时,不仅要将产品性能调整到设计的要求,对于某些设计时没有考虑到的问题或缺陷也要在这一工序中进行处理或补救。

本项目要求看懂 DSP 收音机电路图与装配图,按照 DSP 收音机产品生产的工艺流程,选择合格的电子元器件,独立完成 DSP 收音机产品的回流焊接和手工锡焊、整机装配安装、调试及检修方法。

4.3.1　训练目标、内容及要求

1.训练目标

(1) 了解表面贴装技术(surface mount technology,SMT)基本知识、SMT 生产线基本组成及主要设备;

(2) 了解常用 SMT 元器件;

（3）了解 SMT 产品的装配方法；

（4）熟悉电子产品焊接质量检验方法，熟悉 SMT 产品的返修方法。

2. 训练内容

（1）能看懂 SMT 产品电路图，选择合格的电子元器件，独立完成 SMT 产品的手工锡焊（或回流焊）、整机装配与调试工作；

（2）掌握 SMT 产品装配工艺流程，掌握简单电子产品装配调试的基本方法；

（3）熟悉信号发生器、示波器、LCR 数字电桥等电子仪器仪表的操作，熟悉使用相关电子仪器仪表对简单电子产品进行检测、故障排除、调试的方法。

3. 训练安全注意事项

（1）基本安全要求同 4.1 节的安全要求；

（2）SMT 产品外壳不要被烙铁头烫坏。

4.3.2　训练设备与材料

1. 万用表简介

一般数字万用表采用 26 mm LCD 显示器（采用 3 位半数字液晶屏）和背光显示，可测交流电流、电压，直流电流、电压，电阻，电容，二极管，三极管，温度及频率等参数，还可进行通断测试，使用时必须选择正确的挡位和量程进行测量。

DT9505 数字万用表面板如图 4.3.1 所示，主要由开关、液晶显示器表头、转换开关、晶体三极管测试插孔、电容测试插孔以及毫安级电流测试插孔、四个表笔插孔等 6 部分组成。

选择开关如图 4.3.2 所示。万用表的选择开关是一个多挡位的旋转开关，用来选择测量项目和量程。一般的万用表测量项目包括直流电流、交流电流、直流电压、交流电压、电容、电阻。每个测量项目又划分为几个不同的量程以供选择。

图 4.3.1　万用表面板

图 4.3.2　选择开关

表笔分为红、黑两支。使用时应将红色表笔插入标有"＋"号的插孔，黑色表笔插入标有"－"号的插孔。

用万用表进行一般测量时，红表笔应插入"V·Ω"插孔，黑表笔应插入"COM"插孔。在进行电流测量时，黑表笔插入"COM"，红表笔插入相应电流插孔；当输入电流超过 200 mA 时，使用 20 A 挡位。若万用表最高位显示数字"1"，说明仪表已过载，应选择更高的量程。

1）测量直流电压

首先选择量程。万用表直流电压挡标有"V"，有 200 mV、2 V、20 V、200 V 和 1000 V 五个量程。根据电路中电源电压大小选择量程。若不清楚电压大小，应先用最高电压挡测量，逐渐换用低电压挡。其次是测量。测量直流电压时,万用表应与被测电路并联,显示屏上数据稳定后,读取电压值。

2)测量直流电流

首先选择量程。万用表直流电流挡标有"mA",有 2 mA、20 mA、200 mA 和 20 A 四个量程。应根据电路中的电流大小选择量程,如不知电流大小,应选用最大量程。其次是测量。万用表应与被测电路串联,显示屏上数据稳定后,读取电流值。

3)测量电阻

用数字万用表 200 Ω 挡测量小阻值电阻时,应首先将两支表笔短路,测出表的内阻值 $R0$;然后,测量被测电阻的阻值 $R1$;最后,用被测电阻的阻值 $R1$ 减去表的内阻值 $R0$,才得到真正的实际电阻值。对于其他的电阻挡位,内阻值 $R0$ 可忽略不计。

测量电阻时,不能将手指并接在电阻两端,以免人体电阻与被测电阻并接,引起测量误差。

2. SMT 基本知识

(1) SMT 是表面组装技术(表面贴装技术)(surface mounted technology,SMT)的缩写,是目前电子组装行业里最流行的一种技术和工艺。SMT 在投资类电子产品、军事、计算机、通信、数码相机和手机等产品中得到广泛应用。SMT 内容主要包括三部分:第一部分是元器件/印制板(SMC/SMD,SMB);第二部分是工艺(点胶、印刷、波峰焊/再流焊);第三部分是设备(印刷、贴片、焊接、检测设备等)。

(2) SMT 具有以下特点:组装密度高、产品体积小、质量轻;体积和质量只有插装元件的 1/10;可靠性高、抗振能力强、焊点缺陷率低;高频特性好,可减少电磁和射频干扰;易于实现自动化,提高生产效率。

(3) SMT 主要工艺材料是焊锡膏、助焊剂和清洗剂。焊锡膏由焊料合金粉末和助焊剂组成。SMT 对助焊剂的要求和选用标准与 THT 相同。

(4) SMT 常用元器件如下。

①贴片电阻。图 4.3.3 所示是一贴片电阻。贴片电阻的电阻值通常采用数码法标注。

②贴片电容。贴片电容有贴片式陶瓷电容、贴片式钽电容、贴片式铝电解电容。矩形瓷介质贴片电容如图 4.3.4 所示。贴片式陶瓷电容无极性容量很小(PF级),一般可以承受很高的温度和电压,常用于高频滤波。贴片式陶瓷电容没有极性,贴装时不用考虑正负极。

片状钽电解电容如图 4.3.5 所示。钽电解电容是有极性的,有横线的一端表示正极,贴装时需要注意极性。

图 4.3.3 贴片电阻

图 4.3.4 贴片电容

图 4.3.5 片状钽电解电容

③贴片二极管。贴片二极管分为无引线柱形玻璃封装型和片状塑料封装型两种。图 4.3.6 所示是一种贴片发光二极管,它的一端有色点,该色点表明这一端是发光二极管的负极。一定要正确区分二极管正负极,否则发光二极管无法正常工作。

图 4.3.6　贴片发光二极管

④贴片三极管。贴片三极管采用小外形塑料封装（SOT），SOT-23 是通用的表面组装晶体管；SOT-89 适用于较高功率的场合，它的 e、b、c 三个电极从管子的同一侧引出。SOT-23 贴片三极管如图 4.3.7 所示。

（5）贴片集成元件的封装形式有 SOP（small outline package）、QFP（quad flat package）、PLCC（plastic leaded chip carrier）、BGA（ball grid array）等。

SOP 封装元件上有一条横线或小点/缺口，这些标记是为了标明元件的引脚方向，防止在使用时接错引脚。SOP 封装如图 4.3.8 所示。

图 4.3.7　贴片三极管

图 4.3.8　SOP 封装

QFP 封装也称四侧引脚扁平封装，是表面贴装型封装之一，QFP 元件上也有用于表示引脚开始位置的标记。QFP 封装如图 4.3.9 所示。

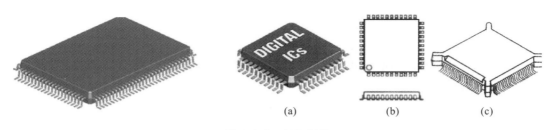

(a)　　　　　(b)　　　　　(c)

图 4.3.9　QFP 封装

BGA 将器件 PLCC/QFP 封装的 J 形或翼形电极引脚变成球形引脚。引脚端子以圆形或柱状焊点按阵列形式分布在封装下面。BGA 方式封装的大规模集成电路如图 4.3.10 所示。

3. 生产线设备及工艺

1）贴片技术组装流程

元器件和组装设备是决定电子组装方式及其工艺流程的两大要素。贴片技术最简单、

图 4.3.10　BGA 封装

最基本的组装工艺就是单纯的 THT 工艺和 SMT 工艺。前者采用通孔组装元器件(through hole component, THC)和波峰焊,价格低廉,其基本工艺流程为:插装→波峰焊→清洗→检测→返修。后者采用 SMC/SMD 和再流焊,其特点是简单、快捷,有利于产品体积的减小,其基本工艺流程为:印刷→贴片→再流焊→清洗→检测→返修。

贴片技术组装流程图如图 4.3.11 所示。在实际生产中,根据所用元器件和生产设备的类型以及产品的需求,除了单纯的 THT 工艺或 SMT 工艺外,还可以选择多种组装工艺,以满足不同产品的生产需要。

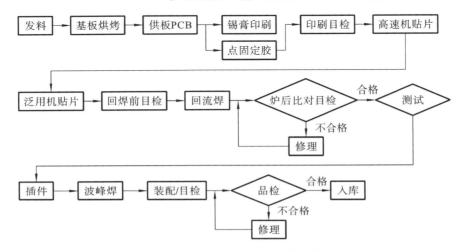

图 4.3.11　贴片技术组装流程图

2) SMT 生产线

SMT 生产线是将不同加工方式和加工数量的生产设备组合成一条可连续自动化产品制造的生产线形式。SMT 生产线由涂敷设备(焊膏印刷机)、焊膏印刷检测机、贴片机、贴片检测机、再流焊炉、清洗机、测试设备等组成。

4. DSP 收音机电路

DSP 收音机电路由主控 MCU、段式液晶显示、键盘、DSP 收音、2822 功放及系统电源六部分构成,其电路图如图 4.3.12 所示。

主控 ZST3652-ADS(MCU)是一个 COMS 类型的 8 位微控制器,内部集成了系统时钟源、ALU、ROM、Timer、LCD 驱动器及通用控制 I/O。主控 IC 是系统的控制中心。系统利用 MCU 的 I/O 端口扩展键盘,用户通过键盘把操作命令传送给 MCU,MCU 依照命令对收音机进行控制,同时 MCU 驱动 LCD 将收音机工作频率、音量等信息显示在液晶面板上。

收音机的收音 IC 采用基于 DSP 技术的 SOC 芯片 RDA5807SP,RDA5807SP 内部可分为模拟部分和数字部分。模拟部分包括支持 FM 频段的低噪声放大器(LNA)、自动增益控制器(AGC)、正交镜像抑制混频器(MIXER)、可调增益放大器(PGA)、自动频率控制器(AFC)、高精度模数转换器(ADC)、高精度数模转换器(DAC)及用于电源的 LDO。数字部分包括音频处理 DSP 及数字接口。

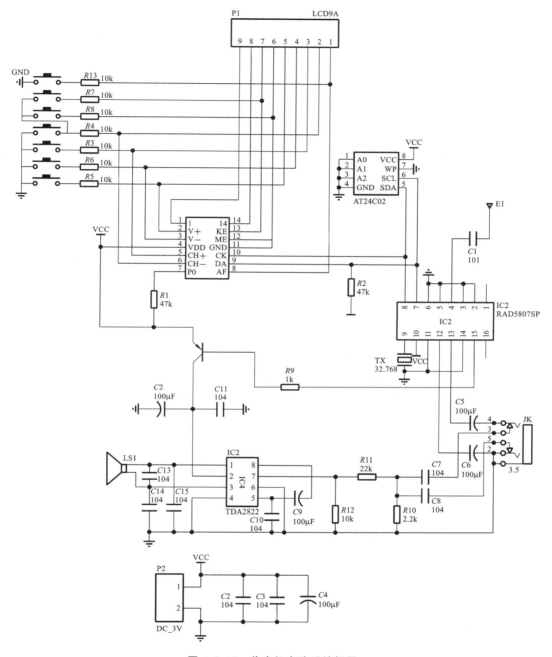

图 4.3.12　收音机电路系统框图

　　天线接收到空中的电台信号后,首先由 LNA 将信号放大,并转化为差分输出电压,这可以有效抑制芯片内部及 PCB 板上的噪声,提高接收灵敏度。混频器将 LNA 输出信号变频到低中频,同时实现镜像抑制。PGA 将混频器输出的 I、Q 两路正交中频信号放大,传送给ADC,信号的增益由 DSP 动态控制,可有效降低对 ADC 输入动态范围的要求。ADC 采用的是 Delta-Sigma 带通过采样结构,它具有高精度、低功耗的特点,并对带外噪声有抑制作用,适用于中低频信号处理。DSP 对 ADC 输出信号进行解调后,将音频信号分别传送给左、右声道高精度 DAC,DAC 具有低通滤波的作用,将语音频带外的噪声进行衰减。最后通过内置功放输出声音。

4.3.3　训练要点及操作步骤

DSP 收音机产品制作工艺流程如图 4.3.13 所示。

(1) DSP 收音机贴片元器件清理及手工贴片;

(2) DSP 收音机电路板焊膏印刷;

(3) DSP 收音机电路板贴片元器件回流焊接;

(4) DSP 收音机 THT 元件装配与焊接;

(5) DSP 收音机调试与维修。

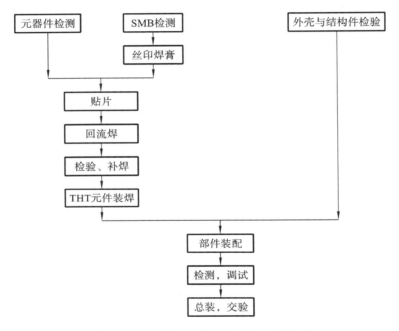

图 4.3.13　DSP 收音机产品制作工艺流程

在保证电子元器件装配正确、所有焊点均连接正常、无短路断路的情况下,常见故障及处理措施如下。

(1) 装上电池后,无法开机。处理方法是首先查看连接电池的正负极片与板上的"＋""－"是否符合,然后观察电池极片正极的连接处是否正常(是否将绝缘皮接入)。

(2) 屏幕无法完整显示。处理方法是查看屏上是否有裂纹,有则需要更换。

(3) 喇叭不响。处理方法是用信号发生器测试喇叭是否正常,不正常则更换。如果正常则将耳机接入音频插座,测试是否出声,如果有声音且出现按键操作不灵活现象,则更换14 脚主控;如果无声音则更换 2822 功放芯片。

(4) 无法搜台。处理方法是如果所有按键功能正常,则更换晶体振荡器;如果按键功能操作不灵活,则更换 14 脚主控芯片。

4.3.4　训练考核评价标准

考评的目的在于对学生在工程训练过程中所表现出来的态度、技术熟练程度,以及对训练内容的了解、掌握程度等做出合理的评价。考评表如表 4.3.1 所示。

表 4.3.1　电子产品装配训练内容及考核评价标准

序号	训练内容	考核标准	满分值/分
1	元件识别与测量训练	位号与元件对应正确,规格参数正确	20
2	DSP 收音机焊接训练	元件全部焊接正确,极性正确,无空焊、虚焊、半焊、少锡、薄锡现象	30
3	DSP 收音机的装配与调试训练	导线连线正确,通过检测与调试保证电路正常工作	15
4	DSP 收音机外壳安装训练	外壳安装正确,指示灯、开关帽安装合理,外壳无任何损伤,电路正常工作	15
5	安全实践	违者扣分	10
6	文明实践与"5S"执行	违者扣分	10

思考题

1. 简述 DSP 收音机的工作原理。
2. 简述一般 SMT 产品装配流程。
3. 一般常用的电路检查与调试的方法有哪些? 简要说明每一种方法的基本内容。
4. 简要说明 ZST3652 集成电路的主要功能和引脚功能。
5. 简要说明 DSP 收音机的功能测试方法和步骤。

4.4　电工工艺训练

电工工艺是指与电气线路及电气设备的安装、运行和维护等相关的操作工艺。电工电路识图、布线、接线、检修是电工领域人员必须掌握的专业基础技能。本项目主要以照明电路装置的安装和常见故障检修,智能家居控制,常用智能电器的安装、配网及控制为实训内容,让学生了解电工工艺的相关知识。

扫码学习
数字资源

4.4.1　训练目标、内容及要求

1. 训练目标

(1) 了解家用配电和安全用电相关基本知识;

(2) 了解双开双控照明系统工作原理、接线和测试方法;

(3) 熟悉电工常用工具、仪表使用方法及规范接线标准;

(4) 了解通过蓝牙或 Wi-Fi 配网实现常见家居电器(风扇、照明、插座、窗帘等)智能控制的方法。

2. 训练内容

(1) 学习双开双控照明电路设计、制线、布线安装规范等基本理论知识,完成电路的安装及调试;

(2)学习基于蓝牙 Mesh 网关和 Wi-Fi 的 SDK 开发板配网和控制的方法,完成智能家居的配网及控制。

(3)使用已学习的知识,改写部分智能设备的控制程序。

控制任务如下:

(1)双开双控照明电路的线缆的加工制作、连接及调试。接好线路并经指导教师检查后,方可进行通电操作。

(2)智能家居控制电路的接线、配网、控制及调试。接好线路并经指导教师检查后,方可进行通电操作。

3. 训练安全注意事项

(1)实验前应检测所用仪器、工具、电器元件,防止在实验中因电器元件引起故障,增加实验的复杂性。

(2)完成实验接线后,必须进行自查:串联回路从电源的某一端出发,按回路逐项检查各设备、负载的位置和极性等是否正确、合理;并联支路则检查其两端的连接点是否在指定的位置。距离较近的两连接端尽可能用短导线;尽可能不用多根导线做过渡连接。自查完成并经指导教师复查后方可通电实验。

(3)实验时,应按实验指导书所提出的要求及步骤,逐项进行实验和操作。改接线路时,必须断开电源。实验中应观察实验现象是否正常,所得数据是否合理,实验结果是否与理论相一致。

(4)完成本次实验全部内容后,应请指导教师检查实验结果。经指导教师认可后方可拆除接线,整理好连接线、仪器、工具。

(5)若接通电源后不能实现预期控制目的,应先进行电压测试、分析,而不能盲目更换器件,若经过分析判断后,确认器件存在问题,可断开电源更换器件。

(6)注意安全,严禁带电操作。不许用手触及各电器元件的导电部分,以免触电及发生意外损伤。

(7)实验结束后切记要先断开电源、再拆电路,否则容易造成触电事故。

4.4.2　训练设备

电工工艺实训平台左侧为三相异步电动机控制实训区,由断路器、熔断器、交流接触器、继电器、行程开关、按钮模块和接口转换模块构成;下侧为电源模块,由断路器、熔断器、转换开关、隔离变压器、三相四线式电源接线端口及钥匙开关构成;右侧为双开双控照明灯电路、智能家居控制电路搭建区;如图 4.4.1 所示。学生根据电路控制要求进行连接线的制作、器件固定、电路布线连接及调试。

4.4.3　训练要点及操作步骤

1. 照明线路安装实训

用双联开关控制家庭白炽灯十分常见。双联开关 A 和 B 均可以点亮或熄灭白炽灯。

(1)加工连接线缆。用剥线钳处理塑料硬导线,安装线号管,并用压线钳制作连接头备用。

(2)安装连线。按图 4.4.2 进行安装接线,连接开关、灯座和接线端子,注意走线规范。注意灯泡的两端不可以直接与相线连接。

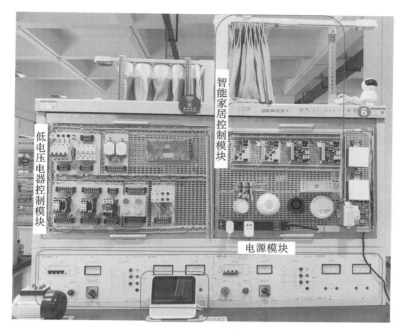

图 4.4.1　电工工艺实训平台

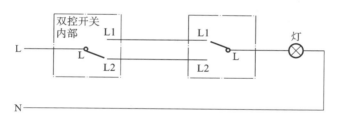

图 4.4.2　双联开关控制白炽灯线路

（3）经检查接线无误后，接通交流电源并进行操作，若操作中出现不正常故障，则应自行分析并加以排除。

2. 智能家居控制实训

（1）智能家居控制电路涉及的连接器件包括控制板、端子排、智能设备（风扇、照明、插座、窗帘、摄像头、人体红外传感器、气体传感器），以及电源，如图 4.4.3 所示。实训中要求认识控制板内部连接及接口属性，完成控制线路的连接。

（2）应按规范接线，使用端子排和线鼻子完成电气线路的连接，如图 4.4.4 所示。端子排是电气工程中的系列组合接线固定装置，其作用是将屏内设备和屏外设备的线路相连接，起到信号传输的作用。走线槽用来将电源线、数据线等线材整理并固定在配电柜、墙上或者天花板上的电工用具。线鼻子常用于电缆末端连接和续接，让电缆和电器连接得更牢固、安全，是建筑、电力设备、电器连接等常用的材料。通过在线号套管上用线号机打印线号，可标识配线。

线路连接要求：器件分布合理，布线美观；导线颜色便于区分，线号朝外便于查看；多处连接处应使用接线端子排，尽量缩短导线数量与长度；线鼻子与接线排处牢固、可靠。

（3）通过蓝牙或 Wi-Fi 配网实现常见家居电器（风扇、照明、插座、窗帘等）的智能控制。

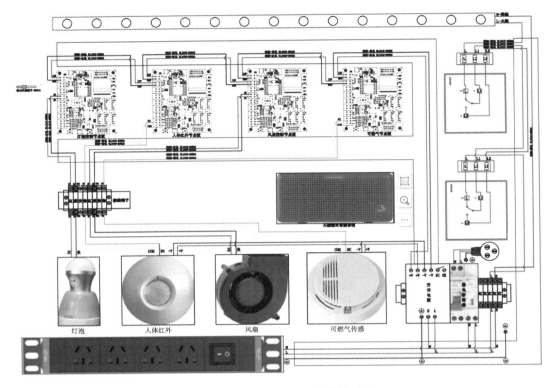

图 4.4.3　智能家居控制连接线路图

图 4.4.4　接线规范示意图

(4) 应将所有连接线拆下并放置到工位抽屉中。

4.4.4　训练考核评价标准

电工工艺训练内容及考核评价标准见表 4.4.1。

表 4.4.1　电工工艺训练内容及考核评价标准

序号	项目与技术要求	考核标准	满分值/分
1	规范操作:设备上电、断电、调试、控制等操作	未按要求正确上电和断电,扣 5 分; 未按要求正确操作设备,每个扣 5 分	40
2	作品质量	连线规范、电路或控制功能完整得 35~40 分; 连线规范、电路或控制功能基本完整得 25~34 分; 连线一般、电路或控制功能不完整得 15~24 分; 其他情况得 10~14 分	40

续表

序号	项目与技术要求	考核标准	满分值/分
3	安全实践	未正确穿戴安全防护用品,扣 5 分 违反安全操作要求,每处扣 5 分	10
4	文明实践与"5S"执行	实训平台拆线、工具规整、教室工位未打扫干净或不整洁,每处扣 2 分	10

思考题

1. 双开双控开关电路中,LED 灯为什么不能直接连接相线?

2. 智能家居的应用涉及了哪些应用技术?

3. 智能家居控制系统的特点是什么?

4. 智能设备除了采用蓝牙和无线通信方式外,还可采用哪些通信方式?

4.5　PLC 的开关量控制应用训练

1987 年国际电工委员会(IEC)颁布的 PLC 标准草案中对 PLC 做了如下定义:PLC 是一种专门为在工业环境下应用而设计的数字运算操作的电子装置。它采用可以编制程序的存储器,用来存储执行逻辑运算、顺序控制、定时、计数和算术运算等操作的指令,并通过数字式和模拟式的输入与输出,控制各种类型机械的生产过程。

扫码学习
数字资源

开关量的逻辑控制是 PLC 最基本、最广泛的应用领域,它取代了传统的继电器电路,实现了逻辑控制、顺序控制;PLC 控制开关量的能力是很强的。PLC 所控制的输入输出点数可多达几万点,由于它能联网,点数几乎不受限制,所能控制的逻辑问题也是多样的:单一的、组合的、时序的、即时的、延时的、计数的等。用 PLC 进行开关量控制的实例很多,PLC 既可用于单台设备的控制,也可用于多机群控及自动化流水线,如注塑机、印刷机、订书机械、组合机床、磨床、包装生产线及电镀流水线等,几乎所有工业行业都会用到。

4.5.1　训练目标、内容及要求

1. 训练目标

(1) 了解 PLC 的定义、结构、工作原理及开关量控制的应用;

(2) 熟悉博图(TIA Portal)软件的界面及功能;

(3) 掌握常开、常闭、输入、输出、定时器、计数器、比较操作等指令命令;

(4) 掌握基于顺序控制思路的 PLC 梯形图的编程方法;

(5) 掌握 PLC 项目设计的工艺流程及调试方法。

2. 训练内容

(1) 学习 PLC 的定义、结构、工作原理及逻辑指令等基本理论知识;

(2) 学习 PLC 编程软件以及软硬件调试的基本操作,选取变频灯控制案例,熟悉软件及 PLC 用户程序开发流程及相关指令的使用,要求依次实现以下控制任务。

①三个输入信号(按钮、开关、传感器)分别对应三个输出(L1、L2、L3),控制状态分别为

L1 持续点亮、L2 瞬时点亮、L3 闪烁亮。

②用三个按钮信号进行三个信号灯控制,以模拟交通信号灯。第一个按钮启动交通信号灯控制白天模式:信号灯的控制逻辑为绿灯亮 5 s 后闪烁,每 0.5 s 灭一次,3 次后熄灭,然后黄灯亮 3 s 后熄灭;最后红灯亮 5 s,三个交通信号灯状态按以上规律循环变化。第二个按钮启动交通信号灯控制夜间模式:黄灯持续闪烁,时间间隔为 1 s。第三个按钮停止交通信号灯控制。

③第一次输入启动信号(按钮/传感器),延迟 1 s 后,第 1 个灯点亮,间隔 1 s,第 2 个灯点亮,依次点亮,直到 8 个灯全亮,延迟 1 s 后从第 1 个灯开始熄灭,间隔 1 s,依次熄灭,直到全灭,反复循环;第二次输入启动信号,延迟时间变为 0.5 s,循环状态同第一次按下按钮时状态一致;第三次输入启动信号,8 个灯全部熄灭。要求后续按下按钮控制状态同以上三次一样,即启动信号每三次为一个控制循环。

(3) 使用已学习的指令,完成单按钮变频流水灯的控制;也可自主学习新的控制指令,设计控制项目,如交通信号灯、抢答器、售货机控制等。对于流水灯控制项目,每组的程序逻辑必须具有独创性;对于其他控制项目,设计功能必须完整,切合实际应用场景。

3. 训练安全注意事项

(1) 按照老师指导,正确给设备上电;

(2) 正常编程和调试时,不要误压急停按钮;

(3) 调试过程中,不要用手碰触线路接口。

4.5.2 训练设备

1. 硬件平台

训练设备为 PLC 基础实训平台和 PLC 综合实训平台,其布局如图 4.5.1 所示。其中基础实训平台(见图 4.5.1(a))由西门子 PLC、西门子触摸屏、步进电动机、变频器、按钮、开关、指示灯模块等器件组成,教学中可根据专业培养需求,整合各个模块,完成相应控制任务。综合实训平台(见图 4.5.1(b))包含三个西门子 PLC(从一站、主站、从二站),三个 PLC 分别与平台上的二维运动单元、立体仓储单元以及物料运输单元连接,三个单元可以单独控

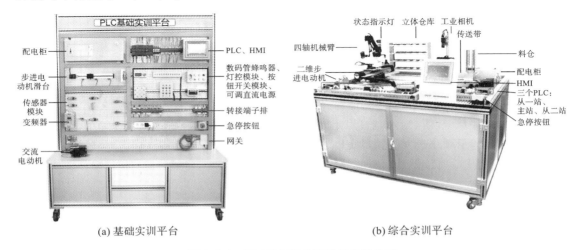

(a) 基础实训平台　　　　　　　　　　(b) 综合实训平台

图 4.5.1　S7-1200 PLC 实训平台结构图

制,同时也可以通过网络通信关联四轴机械臂、工业相机视觉检测设备、人机界面 HMI,形成一个小型的自动物料分拣入库控制系统。

2. 软件平台

TIA Portal 软件是一款全新的、全集成的自动化软件,采用统一的工程组态和软件项目环境,几乎适用于所有的自动化任务。它提供了友好的用户环境,可以进行可编程控制器逻辑程序的开发、组态 HMI 可视化和网络通信设置,其软件界面如图 4.5.2 所示。

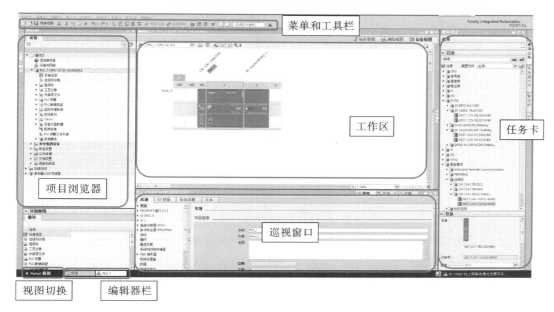

图 4.5.2　TIA Portal V15.1 软件界面

4.5.3　训练要点及操作步骤

1. 认识设备

(1) 设备上电:如图 4.5.3 所示,打开配电柜门,将开关向上拨,电源指示灯亮表示正常上电。

 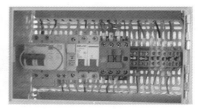

图 4.5.3　电源模块

(2) 输入信号、输出控制负载连接:如图 4.5.4 所示,分别确认输入信号地址和输出信号地址。

输入信号:开关按钮模块中第一排为开关信号,按下或旋转,则信号接通,对应 PLC 输入端口上的指示灯会长亮,再次按下熄灭;第二排为按钮信号,按下 PLC 指示灯亮,松开指示灯灭。可通过指示灯的亮灭状态确定对应的端口连接关系,匹配信号地址;同时可根据指

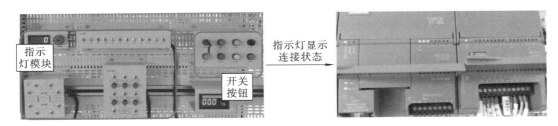

图 4.5.4　开关按钮模块、指示灯模块与 PLC I/O 的连接

示灯的亮灭持续性，确定信号是持续信号还是瞬时信号。

输出负载：按下绿色按钮，PLC 的输出端口指示灯会交替点亮，同时基础实训平台上指示灯模块上的灯也会交替点亮，由此可判断每一个指示灯连接的 PLC 输出端口所对应的信号地址。

2. 编写用户程序

S7-1200 PLC 的用户程序开发过程与普通可编程控制器的用户程序开发步骤基本相同，如图 4.5.5 所示，主要有以下 5 个步骤：新建项目、硬件组态、PLC 编程、编译下载、仿真调试。

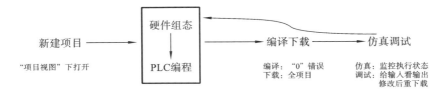

图 4.5.5　用户程序开发流程

（1）新建项目　如图 4.5.6 所示，双击桌面"TIA Portal"软件图标，打开编程软件，单击"项目"按钮，选择"新建"菜单命令。然后在弹出的项目窗口中按要求进行项目信息的填写，单击"创建"按钮建立控制项目文件。

图 4.5.6　软件图标及启动界面

（2）硬件组态　所谓硬件组态，就是使用软件对工作站进行硬件配置和参数分配。这里需要注意，组态的所有参数必须和实训平台上的 PLC 硬件配置参数完全一致，具体硬件参数识别如图 4.5.7 所示。

图 4.5.7　硬件参数识别

具体操作流程如图 4.5.8 所示，点击"项目视图"进入项目视图界面，在项目树栏中，双击"添加新设备"进入设备视图。根据设备平台上 PLC 的硬件配置，首先添加"控制器"的 CPU；然后在"硬件视图"下，在 CPU 的右边添加拓展 I/O 模块，在 CPU 左边添加通信模块。

　　(a) 打开项目视图　　　　(b) 添加新设备（控制器——CPU）　　(c)"硬件视图"下添加拓展I/O和通信模块

图 4.5.8　硬件组态流程图

S7-1200 PLC 的数字量（或称开关量）I/O 点地址由地址标识符、地址的字节部分和位部分组成，一个字节占 8 位，由 .0～.7 表示。例如 I8.2 是一个数字量输入点的地址，小数点前面的 8 是地址的字节部分，小数点后面的 2 表示字节中的第三位，I8.0～8.7 组成一个输入字节 IB8。S7-1200 PLC 的模拟量模块以通道为单位，一个通道占一个字或两个字节的地址，TIA Portal 软件默认分配给 CPU 的地址为 0 和 1，扩展地址为 8 和 9。如图 4.5.9 所

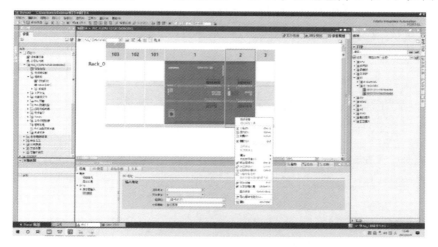

图 4.5.9　手动修改 I/O 地址

示，也可以手动修改地址：右键单击拓展 I/O 模块，点击"属性"后在下方属性视图下点击"常规"，在"DI\DQ"下的"I/O 地址"里手动修改地址。

（3）PLC 编程　　编程界面如图 4.5.10 所示，进入项目视图，找到项目文件中的"程序块"，双击主程序"main"后进入编程界面，界面右侧为指令栏，编写程序的指令时，可以通过鼠标左键单击拖拽的方式将图标拖至程序段里编辑，也可以通过双击图标的方式将其添加到对应程序段的位置。其中，可以通过收藏或者拖拽的方式将常用的控制指令添加到编程界面上方的快捷指令栏中。

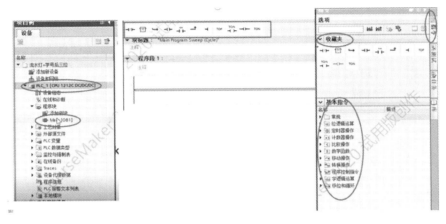

图 4.5.10　软件编程界面

在编写程序时，可以在程序段上点击右键添加新的程序段，添加的程序段会插入当前程序段的前面；在同程序段进行程序分支时，需在分支指令的前端点击向下的箭头，关闭分支时在指令的后端点击向上的箭头。

（4）编译下载　　按照任务要求完成控制程序编制后，点击"编译"，在编译信息提示栏显示 0 错误时才可以进行"下载"操作。如果有编译错误，可通过鼠标点击"转至"箭头定位到错误位置，需修改错误至程序编译完全正确才可进行程序下载。

点击"下载"后，会弹出图 4.5.11 所示界面，第一次下载时要搜索通信的 PLC，搜索完成后点击"装载"，然后点击"在不同步的情况下继续"，切换"全部停止"点"装载"后点击"启动"或"无动作"完成均可，这里需要注意"无动作"完成后需在图 4.5.12 所示界面上手动将 PLC切换至 RUN 模式才能进行后续的调试。

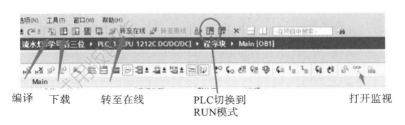

图 4.5.11　常用工具栏图标

（5）仿真调试　　下载完成后，项目程序会存储在 PLC 的 CPU 里，这样我们就可以在硬件平台上通过操作输入信号的按钮或者开关进行项目调试。按下控制按钮，平台上的指示灯会按照程序依次顺序点亮后顺序熄灭，无限循环；再次按下按钮，指示灯会改变依次亮灭

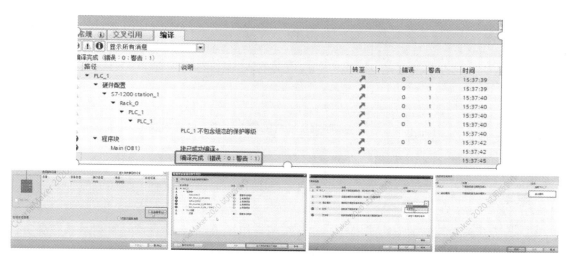

图 4.5.12　编译下载流程

的频率;再次切换信号,指示灯熄灭。若调试时,平台上的控制形态与项目要求不一致,则可以通过在软件端启用监控模式查找逻辑出错点,在工具栏里打开监控模式,通过程序段信号的接通或断开状态的变化,如图 4.5.13 所示,来监控控制程序执行正确与否,从而有效且快速地进行程序的修改和完善。

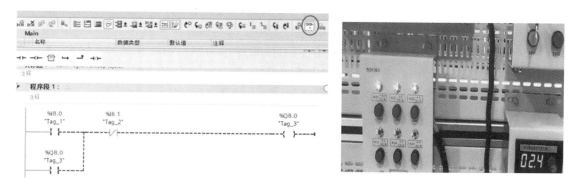

图 4.5.13　监控调试界面

4.5.4　训练考核评价标准

PLC 的开关量控制应用训练内容及考核评价标准见表 4.5.1。

表 4.5.1　PLC 的开关量控制应用训练内容及考核评价标准

序号	项目与技术要求	考核标准	满分值/分
1	规范操作:设备上电、断电、调试、控制等操作	未按要求正确上电和断电,扣 5 分; 未按正确流程操作设备,每次扣 5 分	40
2	作品质量	设计创新、控制功能完整得 35~40 分; 设计合理、控制功能基本完整得 25~34 分; 设计一般、控制功能不完整得 15~24 分; 其他情况下得 10~14 分	40

续表

序号	项目与技术要求	考核标准	满分值/分
3	安全实践	未正确穿戴安全防护用品,扣5分 违反安全操作要求,每处扣5分	10
4	文明实践与"5S"执行	实训平台、教室工位未打扫干净或不整洁,每处扣2分	10

思考题

1.基于开关量控制的应用有哪些? 你能按照应用场景,结合项目设计流程将其实现吗?
2.请举例说明触点和线圈的信号关联性。

4.6 PLC 的运动控制应用训练

扫码学习
数字资源

PLC 不仅可用于开关量的控制,实现顺序控制领域的应用,它还可用于过程控制、运动控制、信息处理及通信联网领域。所谓运动控制,就是对工作对象的位置、速度及加速度的控制。所有机械都是要运动的,所以运动控制在工业控制领域是十分常见的。简单的运动可以使用开关量处理,如部件运动的启停控制、方向控制等;但是复杂、精确的运动控制则要使用脉冲量。世界上各主要 PLC 生产厂家的产品几乎都具有运动控制功能,各类 PLC 产品广泛用于机械、机床、机器人、电梯等场合。

4.6.1　训练目标、内容及要求

1.训练目标

(1)了解步进电动机的结构和工作原理;
(2)掌握轴启动、正反转控制、回原点、定位等工艺指令;
(3)了解运动控制的设计思路;
(4)掌握 PLC 基于运动控制的梯形图的编程方法;
(5)掌握 PLC 项目设计的工艺流程及调试方法。

2.训练内容

(1)学习 PLC 运动控制的定义、结构、工作原理及工艺指令等基本理论知识,初步了解 PLC 的运动控制应用。

(2)学习 PLC 编程软件以及软硬件调试的基本操作,选取基于脉冲序列输出(pulse train output,PTO)方式驱动控制步进电动机的案例,熟悉软件及 PLC 运动控制程序开发流程及相关指令的使用。

①PLC 输入/输出(I/O)对应见表 4.6.1。

表 4.6.1　PLC I/O 对应表

输入	作用	输出	作用
I0.0	水平方向 X 轴上限位传感器	Q0.0	控制 X 轴步进电动机(驱动脉冲)
I0.1	水平方向 X 轴原点传感器	Q0.1	控制 X 轴步进电动机(方向脉冲)
I0.2	水平方向 X 轴下限位传感器	Q0.2	控制 Y 轴步进电动机(驱动脉冲)
I0.3	竖直方向 Y 轴上限位传感器	Q0.3	控制 Y 轴步进电动机(方向脉冲)
I0.4	竖直方向 Y 轴原点传感器		
I0.5	竖直方向 Y 轴下限位传感器		

②控制任务如下：

按下启动按钮，运动控制启动，轴上电，按下停止按钮，运动控制停止；

按下正转按钮，步进电动机正转，滑台或导轨向右移动，按下反转按钮，步进电动机反转，滑台或导轨向左移动；

按下回原点按钮，滑台或导轨自动回到原点传感器处并停止；

按下定位按钮，滑台或导轨自动回到程序定位坐标处并停止；

当运动出现错误时，按下错误确认按钮，轴复位。

（3）使用已学习的指令，完成一键启动运动单元的步进电动机的滑轨来回往返 3 次，模拟取料和放料的运动控制，每次到达取料点或放料点定位处时需停留 3 s，模拟动作延时；也可自主学习新的控制指令，设计控制项目，如物料运输、多轴控制、电梯控制、夹娃娃机控制等。

任务要求：对于模拟取放料运动控制项目，每组的程序逻辑必须具有独创性；对于其他控制项目，设计功能必须完整，切合实际应用场景。

部分功能图可参照图 4.6.1。

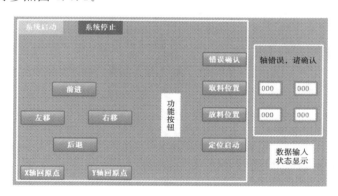

图 4.6.1　任务功能参照图

3. 训练安全注意事项

（1）按照老师指导，正确给设备上电；

（2）正常编程和调试时，不要误压急停按钮；

（3）调试过程中，不要用手碰触线路接口；

（4）操作二维运动平台时，一定要确保机械臂处于安全不会撞击的姿态。

4.6.2　训练设备

1.硬件平台

硬件平台在4.5节中已经介绍了,其中综合平台上的二维运动单元和物料运输单元、基础实训平台上的直线滑台模块,都可用于运动控制实训。这里我们利用实训台上的运动控制组件,包括步进电动机、步进电动机驱动器和直线滑台。步进电动机的基本驱动模式有三种:整步、半步、细分。其主要区别在于电动机线圈电流的控制精度(即激磁方式)。直线滑台(线性模组)又称工业机械人,是由马达驱动的移动平台,由滚珠螺杆和U形线性滑轨导引构成,也有由同步轮同步带和光轴构成,外加辅助配件的,如联轴器、支撑座、光电开关等,如图4.6.2所示。

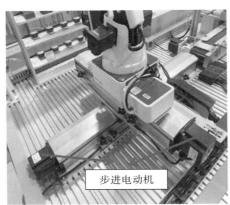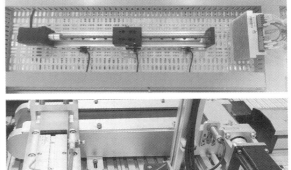

图4.6.2　S7-1200 PLC实训平台中的运动控制组件

其中二维运动控制单元的参数为:X轴(左右方向)行程为500 mm;Y轴(前后方向)行程为300 mm;X、Y轴导程为10 mm(即电动机旋转1圈对应水平移动10 mm)。基础实训平台上的直线滑轨有效行程为250 mm,导程为2 mm。

本项目可使用基础实训平台中的步进电动机滑台模块,或者综合实训平台中的二维(X和Y)步进电动机单元来完成。步进电动机滑台内部组成结构及各部分与步进驱动器、PLC的连接如图4.6.3所示。

2.软件平台

软件平台介绍见4.5节。

4.6.3　训练要点及操作步骤

1.认识设备

(1)设备上电:打开配电柜门,将开关向上拨,电源指示灯亮表示正常上电。

(2)确认输入、输出信号连接:步进电动机与PLC的连接如图4.6.3所示,注意图中标注的地址只是一个连接示例,不作为设置参考。输入输出地址信号确认的方法见4.5节。

2.编写用户程序

PLC编程是基于博图软件实现的,S7-1200 PLC的运动控制程序开发过程与4.5节基本相同,主要有以下5个步骤:新建项目、硬件组态、PLC编程、编译下载、仿真调试。在PLC

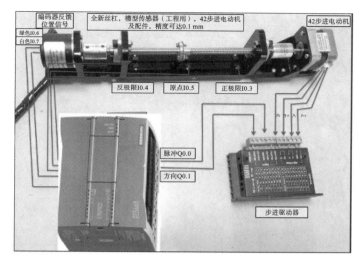

图 4.6.3　PLC、驱动器与步进电动机等的连接

编程之前首先要进行工艺对象的组态。具体操作步骤如下。

（1）新建项目　项目命名为二维运动＋学号/姓名，具体操作同 4.5 节。

（2）硬件组态　根据运动控制单元与平台上 PLC 的连接关系正确添加 PLC 的 CPU 以及拓展模块类型，PLC 命名为"运动控制 PLC"，具体操作同 4.5 节。

（3）运动控制组态　主要组态"轴"工艺对象的下列属性：要用的 PTO 的选择以及驱动器接口的组态、机械的属性和驱动器（机器或系统）的传动比参数、位置限制属性、动态属性和归位属性、在工艺对象的数据块中保存组态数据，具体参数设置如下。

在项目树中，展开节点"工艺对象"，然后选择"添加新对象"。选择"轴"图标（命名为轴 1 或者 X 轴），然后单击"确定"打开轴对象的组态编辑器，如图 4.6.4 所示。

图 4.6.4　添加轴对象

显示"基本参数"下的"为轴控制选择 PTO"属性，然后选择所需脉冲。对其余的基本参数和扩展参数进行组态，具体流程及参数如图 4.6.5 所示。注意一个驱动器匹配一个脉冲

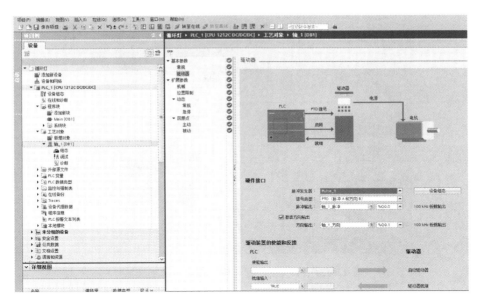

图 4.6.5　驱动器参数设置

发生器，进行多轴控制的时候，需要用到不同的脉冲发生器。

机械参数的配置需要结合具体硬件平台上步进电动机的组成，如驱动器参数和轴的导程。对于基础实训平台，"电机每转的脉冲数"设为"1000"，"电机每转的负载位移"设为"4 mm"；对于综合实训平台，"电机每转的脉冲数"设为"5000"，"电机每转的负载位移"设为"10 mm"，如图 4.6.6(a)所示。硬限位开关是物理开关元件，PTO 轴的输入必须具有硬件中断功能，用于限制定位轴工艺对象"允许行进范围"。软限位开关只通过软件来实现，其位置可以灵活设置，用于限制轴的"工作范围"，在"允许行进范围"之内，在组态或者使用软硬限位开关前，须先将其激活，即在设置里勾选该项，如图 4.6.6(b)所示。注意只有在回原点之后，软限位开关才生效。本训练只需勾选"启用硬限位开关"选项。

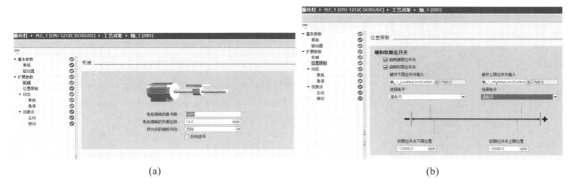

(a)	(b)

图 4.6.6　扩展参数设置

综合实训平台动态参数设置如图 4.6.7 所示，基础实训平台的"最大转速"设置为"50 mm/s"。利用加加速度限值，可以降低在斜坡上加速和减速运行期间施加到机械上的力，使用加加速度限值可以使轴运动速度变化比较平缓，不会突然改变。因为导轨的长度，这里设置加减速度的时间小于 1 s。

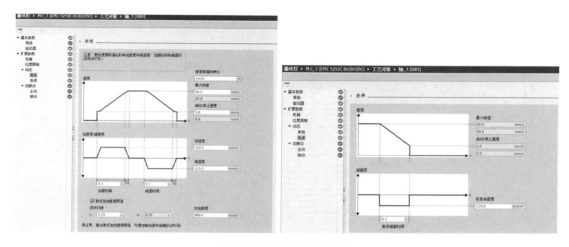

图 4.6.7　动态参数设置

回原点设置如图 4.6.8 所示，注意原点的开关信号需和硬件平台上传感器的信号地址对应，且因为前面设置时启用了硬限位，所以这里一定要勾选"允许硬限位开关处自动反转"。

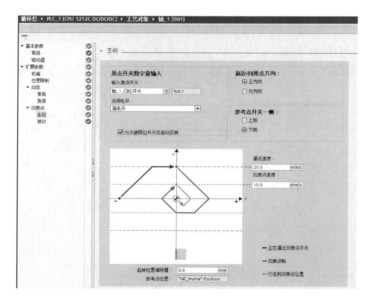

图 4.6.8　回原点设置

参数设置完成后，将工艺对象下载到 PLC 中，下载完后进入轴控制面板进行手动模式调试，如图 4.6.9 所示。具体流程如下：点击"激活"→"启用"→"命令"，进入切换模式（点动、回原点、定位）依次进行调试。注意进行"点动"调试时需将轴移动到硬限位处，轴会停止运动，并在"轴状态"处显示"轴错误"，需点"确认"键后将轴移回工作区。进行"回原点"调试时，轴到达硬限位处后必须自己返回原点。若调试时出现的不是以上两个状态，需排查组态时参数设置直至状态调试正确。

如果需要进行多轴拓展控制，则其他轴的设置与上述流程基本相同，需要注意脉冲发生器不可以复用，且对应轴的硬限位开关地址也不同。

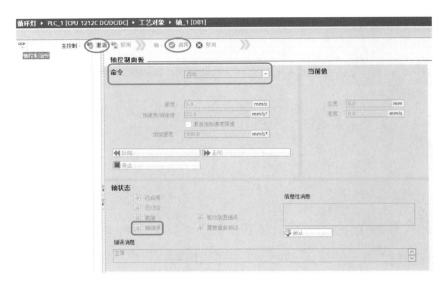

图 4.6.9　调试轴控制面板界面

（4）PLC 编程　对应用进行编程：根据项目任务要求，将 MC_Power 等运动指令插入代码块。这里所有指令对"轴"输入，选择已创建并组态的轴工艺对象。将"Enable"输入设置为"TRUE"可以使其他运动指令起作用；将"Enable"输入设置为"FALSE"会取消其他运动指令。需要注意每个轴只包括一个 MC_Power 指令。也可插入基本指令，进行顺序控制来完成一定逻辑的运动形态的控制，如模拟机械臂重复完成定点抓取物料后定点放置物料的操作过程等。

（5）编译下载　具体操作参见 4.5 节。

（6）仿真调试　下载完成后，项目程序会存储在 PLC 的 CPU 里，这样我们就可以在硬件平台上通过操作输入信号的按钮、传感器、HMI 信号进行项目调试。按下对应的控制信号进行手动控制，平台上的轴会进行正反向移动、回原点操作、定速定位控制以及错误确认操作等；同时也可以一键启动，进行单轴或者多轴运动功能的控制。软硬件调试如图4.6.10所示，图 4.6.10(a)为程序运行状态，图 4.6.10(b)为设备调试状态。

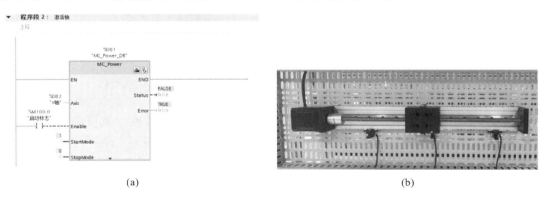

(a)　　　　　　　　　　　　　　　(b)

图 4.6.10　软硬件调试界面

4.6.4　训练考核评价标准

PLC 的运动控制应用训练内容及考核评价标准见表 4.6.2。

表 4.6.2 PLC 的运动控制应用训练内容及考核评价标准

序号	项目与技术要求	考核标准	满分值/分
1	规范操作：设备上电、断电、调试、控制等操作	未按要求正确上电和断电，扣 5 分； 未按正确流程操作设备，每处扣 5 分	40
2	作品质量	设计创新、控制功能完整得 35～40 分； 设计合理、控制功能基本完整得 25～34 分； 设计一般、控制功能不完整得 15～24 分； 其他情况得 10～14 分	40
3	安全实践	未正确穿戴安全防护用品，扣 5 分 违反安全操作要求，每处扣 5 分	10
4	文明实践与"5S"执行	实训平台、教室工位未打扫干净或不整洁，每处扣 2 分	10

思考题

1.除了本项目的运动控制应用案例，还有哪些 PLC 运动控制应用？如何实现？
2.本项目主要介绍了步进电动机的控制，伺服电动机的控制原理是什么呢？

4.7 基于 PLC 的人机界面应用训练

扫码学习
数字资源

人机界面（human machine interaction，HMI），又称用户界面或使用者界面，它是系统和用户之间进行交互和信息交换的媒介，实现信息的内部形式与人类可以接受的形式之间的转换，凡参与人机信息交流的领域都存在着人机界面。在工业领域，HMI 连接 PLC、变频器、直流调速器、仪表等工业控制设备，利用显示屏显示，通过输入单元（如触摸屏、键盘、鼠标等）写入工作参数或输入操作命令，实现人与机器信息交互。HMI 主要应用于机械、电子设备等行业，在国内已经有几十年的发展历史了，应用场景也越来越广泛。

4.7.1 训练目标、内容及要求

1. 训练目标

（1）了解人机交互 HMI 的相关知识；
（2）具有简单的 PLC 梯形图程序的编写能力；
（3）掌握 HIM 界面设计的操作能力；
（4）了解 PLC 与 HMI 通信及调试的方法。

2. 训练内容

（1）学习人机界面 HMI 的定义、组成、工作原理及界面设计等基本理论知识，初步了解 HMI 的应用。

（2）学习 PLC 编程软件以及软硬件调试的基本操作，选择立体仓储控制案例，熟悉软件及 PLC 用户程序开发流程及相关指令的使用；学习 PLC 与 HMI 的通信方法、交互控制应用。

①PLC 输入/输出(I/O)对应如表 4.7.1 所示。

表 4.7.1 PLC 输入/输出(I/O)对应表

输入地址	作用	输入地址	作用	输出地址	作用
I0.0	1 行 1 列传感器	I1.2	3 行 1 列传感器	Q0.0	红灯
I0.1	1 行 2 列传感器	I1.3	3 行 2 列传感器	Q0.1	绿灯
I0.2	1 行 3 列传感器	I1.4	3 行 3 列传感器	Q0.2	黄灯
I0.3	1 行 4 列传感器	I1.5	3 行 4 列传感器		
I0.4	1 行 5 列传感器	I1.6	3 行 5 列传感器		
I0.5	2 行 1 列传感器	I1.7	4 行 1 列传感器		
I0.6	2 行 2 列传感器	I2.0	4 行 2 列传感器		
I0.7	2 行 3 列传感器	I2.1	4 行 3 列传感器		
I1.0	2 行 4 列传感器	I2.2	4 行 4 列传感器		
I1.1	2 行 5 列传感器	I2.3	4 行 5 列传感器		

②控制任务如下:

在 HMI 上新建"矩形",上面可以显示 20 个仓位的物料的有无状态;

在 HMI 上新建"I/O 域",可以手动输入物料类别;

输入物料类别后,按照最小仓位存放的分类原则,PLC 可以自动判断物料放在几号仓位,并在 HMI 上显示第几行、第几列;

当某一行物料满仓后,红灯亮,报警;

当输入物料类别错误时,红灯亮,报警。

(3) 使用已学习的指令,完成更多的状态显示控制,如当产生报警信号时,在 HMI 显示提示信息——"料仓已满""物料类别错误"等;可显示物料总数、可用仓位数信息等。也可自主学习新的控制设备,设计控制项目,如机械臂控制等。

任务要求:对于 HMI 的排版设计,应通过排版将重要信息放置于最易看到的区域;对于 HMI 的信息层级显示,应通过强化重要信息层级、弱化次要信息层级来达到快速传递信息的效果;对于 HMI 信息的完整性,要保证在有限的界面内呈现较为完善的信息。

功能图可参照图 4.7.1。

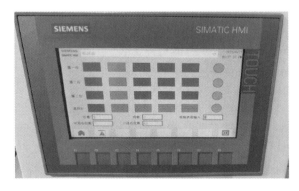

图 4.7.1 任务功能参照图

3.训练安全注意事项

（1）按照老师指导，正确给设备上电；

（2）正常编程和调试时，不要误压急停按钮；

（3）调试过程中，不要用手碰触线路接口；

（4）操作二维运动平台时，一定要确保机械臂处于安全不会撞击的姿态。

4.7.2　训练设备

1.硬件平台

训练用硬件平台在 4.5 节中已经介绍了，这里我们聚焦实训台上的立体仓库和 HMI，如图 4.7.2 所示。

图 4.7.2　立体仓库与 HMI

对于 HMI 设备，SIMATIC HMI 基本型面板提供了触屏式设备，用于执行基本的操作员监控任务，平台上使用型号为 KTP700 Basic 的 7 寸触摸屏，带 8 个可组态按键，分辨率为 800×480，可支持 800 个变量。

立体仓库单元由 4 行 5 列共计 20 个仓位构成，编号从上往下依次是 1～20，每一行代表一类物料，4 行分别为红色完整物料、黄色完整物料、红色缺口物料、黄色缺口物料。每一个仓位对应一个光电开关，用于检测物料的有无状态。

2.软件平台

软件平台介绍见 4.5 节。

4.7.3　训练要点及操作步骤

1.认识设备

（1）设备上电：打开配电柜门，将开关向上拨，电源指示灯亮表示正常上电。

（2）立体仓库单元与平台上 PLC 的连接关系如图 4.7.3 所示，分别确认输入信号地址和输出信号地址。

输入信号：每个仓位对应一个传感器，将物料放下时，传感器信号触发，对应 PLC 输入端口上的指示灯会长亮，将物料拿走，指示灯熄灭。通过指示灯亮灭的状态可确定对应的端口连接关系，匹配 PLC 上的输入信号地址。

输出信号：设备平台上左上方为状态指示灯，连接立体仓库控制 PLC 的输出端口，红、绿、黄三色灯对应的输出信号地址分别为 Q0.0、Q0.1、Q0.2。

传感器信号

指示灯显示连接状态

图 4.7.3　立体仓库单元与平台上 PLC 的 I/O 连接

2. 编写用户程序

基于 S7-1200 PLC 的人机交互界面 HMI 控制程序开发过程与 4.5 节基本相同,主要有以下 5 个步骤:新建项目、硬件组态、PLC 编程、编译下载、仿真调试。本项目需要组态的设备有两个,一个是控制器 PLC,另一个是人机交互界面 HMI。

(1) 新建项目　要求项目命名为立体仓库控制项目+学号/姓名,具体操作流程同 4.5 节。

(2) 硬件组态。

①组态 PLC　根据立体仓库单元与平台上 PLC 的连接关系正确添加 PLC 的 CPU 以及拓展模块类型,要求 PLC 命名为"立体仓库 PLC",具体流程同 4.5 节。

②组态 HMI　项目视图界面下,在项目树栏里,双击"添加新设备"进入设备视图。根据设备平台上 HMI 的硬件配置,首先添加"HMI"(可根据需求自行命名),选择"7″显示屏"→"KTP700 Basic"→"6AV2 123-2GB03-0AX0"版本号,如图 4.7.4 所示。

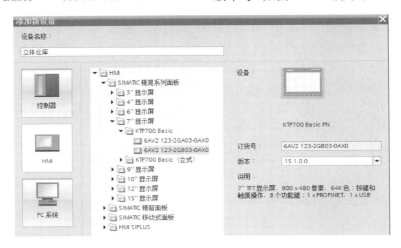

图 4.7.4　添加设备 HMI

进入 HMI 设备向导模式后,将向导中所有的勾选项取消掉,即选择最简单的运行界面。

③连接 PLC 与 HMI　连接 PLC 和 HMI 是本项目必不可少的一步,否则后面进行参数关联和控制调试时会出现错误。其连接方式主要有两种:一是在设备向导中选择"浏览"上面添加的"立体仓库 PLC",完成端口连接,如图 4.7.5(a)所示;二是双击项目树中的"设备与网络"进入网络视图,点"连接",单击选中 PLC 的以太网端口与 HMI 的以太网端口完成端口连接,如图 4.7.5(b)所示。HMI 连接允许用户通过选择 PLC 变量表来对 HMI 变量进行组态。

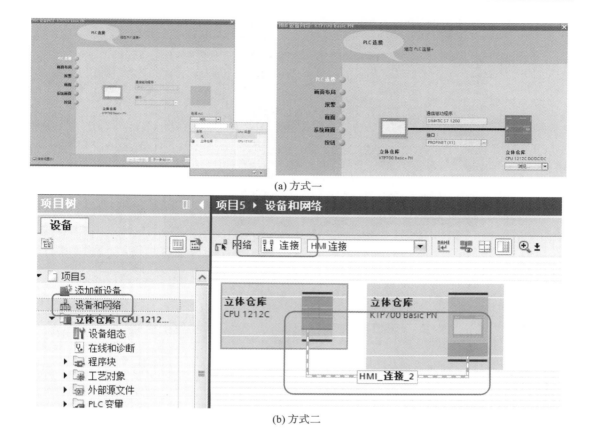

(a) 方式一

(b) 方式二

图 4.7.5　PLC 与 HMI 连接方式

（3）PLC 编程　本项目主要是在 PLC 上完成立体仓库仓位状态定义、物料类型判断、物料存储仓位号及行列计算、空仓数量判断等的运算及存储控制，同时在 HMI 上实时显示立体仓库的物料有无状态及相关数据的输入和输出等信息，需进行人机界面设计。PLC 的程序编写方法及流程见 4.5 节相关内容，这里主要介绍 HMI 的界面设计的方法和流程。

博图软件提供了一个标准库集合，用于插入基本形状、交互元素，甚至标准图形，如图 4.7.6 右边方框所示。要添加元素，只需将元素拖放到设计画面中，右键单击该元素的"属性"，在巡视窗口中组态该元素的外观和特性。还可以通过从项目树或程序编辑器中将 PLC 变量拖放到 HMI 画面来创建画面上的元素，PLC 变量即为画面上的元素，然后使用"属性"来更改该元素的参数。结合本项目训练的设计需求，下面主要介绍元素按钮和 I/O 域、基本对象圆和矩形的编辑方法。

①按钮　选中画面右侧工具箱中的元素"按钮"，将其拖放至画面，右键点击"属性"→"事件"→"按下"→"编辑位"→"按下按键时置位位"，设置关联 PLC 变量参数，如图 4.7.7 所示。

②I/O 域　选中画面右侧工具箱中的元素"I/O 域"，将其拖放至画面，右键点击"属性"→"属性"→"常规"→"过程"，设置关联 PLC 变量参数，如图 4.7.8 所示。

③圆　选中画面右侧工具箱中的元素"圆"，将其拖放至画面，右键点击"属性"→"动画"→"显示"→"动态化颜色和闪烁"，设置关联 PLC 变量参数，参数根据变量的数值（有无输出对应"1"和"0"；若为存储值，则约束值或者范围）在下面的视图中定义，如图 4.7.9 所示。

图 4.7.6　HMI 编辑画面

图 4.7.7　HMI 按钮设置

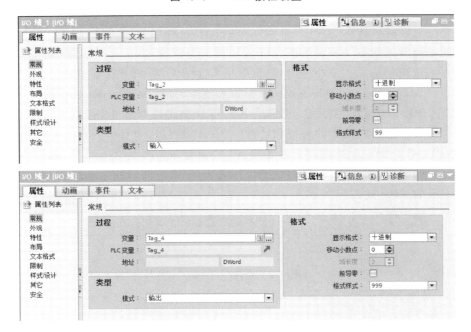

图 4.7.8　HMI I/O 域设置

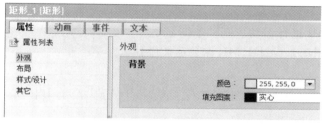

图 4.7.9　HMI 圆的设置

④矩形　选中画面右侧工具箱中的元素"矩形",将其拖放至画面,右键点击"属性"→"动画"→"显示"→"是可见性动态化",设置关联 PLC 变量参数,参数根据变量的数值(有无输出对应"1"和"0";若为存储值,则约束值或者范围)在下面的视图中定义,如图 4.7.10所示。

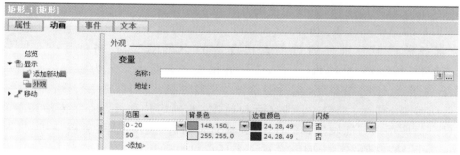

图 4.7.10　HMI 矩形的设置

圆和矩形都以动画显示,两种设置状态可以通用,个人可自定义使用。

(4)编译下载　具体操作参见 4.5 节。注意本项目有两个设备,需要分别进行编译并下载到 PLC 和 HMI 上。

(5)仿真调试　下载完成后,项目程序会存储在 PLC 的 CPU 里,这样我们就可以在硬件平台上通过操作立体仓位上各料块有无的传感器信号、HMI 信号进行项目调试。按下启动信号进行立体仓库控制,改变平台上各料块的有无、在 HMI 上输入物料类型,查看人机交互界面上物料显示和仓位计算是否正确。

4.7.4　训练考核评价标准

基于 PLC 的人机界面应用训练内容及考核评价标准见表 4.7.2。

表 4.7.2　基于 PLC 的人机界面应用训练内容及考核评价标准

序号	项目与技术要求	考核标准	满分值/分
1	规范操作:设备上电、断电、调试、控制等操作	未按要求正确上电和断电,扣 5 分; 未按正确流程操作设备,每处扣 5 分	40
2	作品质量	设计创新、控制功能完整得 35~40 分; 设计合理、控制功能基本完整得 25~34 分; 设计一般、控制功能不完整得 15~24 分; 其他情况得 10~14 分	40
3	安全实践	未正确穿戴安全防护用品,扣 5 分 违反安全操作要求,每处扣 5 分	10
4	文明实践与"5S"执行	实训平台、教室工位未打扫干净或不整洁,每处扣 2 分	10

思考题

1. 如何使用 HMI 进行运动控制动态图显示?

2. 结合其他应用场景设计 HMI,你会选择做什么?

4.8　电子开发原型平台应用训练

扫码学习
数字资源

　　Arduino 是一款便捷灵活、方便上手的开源电子原型平台,该平台包含硬件(各种型号的 Arduino 板)和软件(Arduino IDE)两部分。Arduino 智能小车是将各种机械零部件通过创意搭建成的小车模型,并搭载了 Arduino 主控板、传感器、电动机、无线、蓝牙等模块。智能小车分为三部分——传感器部分、控制器部分、执行器部分,可实时显示时间、速度、里程,具有自动寻迹、寻光、避障、可程控行驶速度、准确定位停车、远程传输图像等功能。Arduino 已广泛应用于智能硬件、3D 打印机、激光雕刻机、遥控汽车、遥控飞机、机器人领域等;智能小车可以按照预先设定的模式在一个环境里自动运作,不需要人为管理,可应用于科学勘探等领域。

　　STM32 代表 ARM Cortex-M 内核的 32 位微控制器。结合 STM32 平台的设计理念,开发人员通过选择产品可重新优化功能、存储器、性能和引脚数量,以最小的硬件变化来满足个性化的应用需求。

4.8.1　训练目标、内容及要求

1. 训练目标

(1) 了解 Arduino 或 STM32 开发板的基本知识及应用;

(2) 了解电子开发原型平台的主控板及拓展板的端口、功能模块及应用软件编程环境;

(3) 熟悉应用电子原型平台搭建具备自动循迹、红外追踪、机械臂搬运等功能的电子装置的方法。

2.训练内容

（1）学习 Arduino 或 STM 电子开发原型平台，了解智能小车组成及工作原理。

（2）熟悉 Arduino 或 STM 控制板开发软件的使用及程序结构分析，完成红外追踪、自动循迹、蓝牙通信控制、视觉识别、机械臂搬运等功能任务。

①控制任务：操作并调试使用由 HC-05 蓝牙串口模块、Arduino 主控制板、扩展板、直流电动机、近红外传感器、灰度传感器和各类机械零件等制作的双轮万向智能小车，在指定的赛道上完成各阶段任务。

红外追踪：智能小车左右安装 2 个近红外传感器，通过手机给智能小车发出"红外追踪"指令，智能小车从回收区出发跟踪目标沿左边白色路面到达出发区停止等待。追踪原则：左右近红外传感器都没有检测到目标（无目标）时，智能小车静止；若左边传感器检测到目标（目标在左方），小车左转；目标在右方，小车右转；若 2 个传感器同时检测到目标，小车直线前进。

自动循迹：智能小车下方安装 2 个灰度传感器，传感器面向地面，距离在 1~3 cm 之间。赛道路面为白色，中间是一条 2 cm 宽的黑线，通过手机给智能小车发出"自动循迹"指令，智能小车从出发区出发沿赛道上的黑线自动寻迹直至停车区停止线处。循迹原则：智能小车须沿黑色轨迹前进，两个传感器都没有检测到黑线时，智能小车直线前进；若有一侧传感器检测到黑线，智能小车向该侧转弯。或在智能小车下安装 4 个循迹条，根据搬运要求，规划循迹路线完成循迹动作。

蓝牙通信控制：当智能小车到达停止线时，通过手机上的 APP 软件采用键盘控制方式设置键盘界面，利用键盘指令，或者利用手机上的重力感应模块，遥控智能小车通过前进、后退、左转、右转及停止等动作按预定路线到达目的地，智能小车赛道如图 4.8.1 所示。

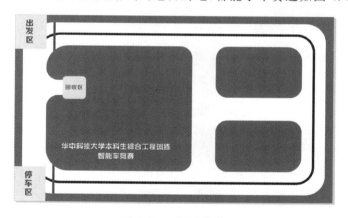

图 4.8.1 调试赛道

视觉识别：基于视觉识别系统，完成砖块的识别和参考调试。

机械臂搬运：在视觉识别的基础上，根据赛道任务完成机械臂的抓取和砖块码垛放置。

②在学习以上功能控制的基础上进行拓展，如使用超声波传感器，在自动循迹的过程中，当智能小车检测到前方有障碍物时，能绕过障碍物；在底盘上搭载机械臂，完成搬运功能等。

3.训练安全注意事项

（1）在赛道上调试智能小车时避免多台小车双相调试，以避免碰撞，应有人员一直跟随小车以免碰撞赛道。

（2）对智能小车电池进行充电操作时，必须保证在有人条件下进行，无人时需将电源断开。

（3）机械臂调试上电时，需扶持臂体，避免撞击。

4.8.2　训练设备

1. 硬件平台

不同的机械零件可以用来搭建小车的不同组成部分，其零件包括用于紧固件（螺钉、螺母等）连接的零件孔，提供"线"单位的连杆类零件，适合"面"单位组装的平板类零件，连接"线""面"形成"体"的框架类零件，偏心轮连接、电动机连接、轮胎连接相关零件等。同时在小车的机械结构上搭载控制板、传感器以及电动机、电源及通信模块形成控制电路，完成整个智能小车的构建，如图 4.8.2 所示。

图 4.8.2　智能小车构造图

本训练项目 Arduino 控制板包括主控板和扩展板，其中主控板为 Basra 主控板，扩展板为 Bigfish 扩展板。Basra 主控板是一款基于 Arduino 开源方案设计的开发板，通过各种各样的传感器来感知环境，通过控制灯光、马达和其他的装置来反馈和影响环境。其处理器核心是 ATmega328，同时具有 14 路数字输入/输出口（其中 6 路可作为 PWM 输出）、6 路模拟量输入、16 MHz 晶体振荡器、USB 口等，如图 4.8.3 所示。

Basra 主控板在与机器人的传感器和执行机构连接时，需要通过扩展板扩展功能，方便与大部分传感器和电动机轻松连接，本项目使用的是 Bigfish 扩展板，其接口功能如图 4.8.4 所示。

2. 软件平台

本项目智能小车使用的编程软件为 Arduino IDE，它支持 Windows、MAC OS、Linux 等多种操作系统，通过 C/C++语言来编写程序，编译成二进制文件，烧录进微控制器。本项目使用的版本为 1.5.X。

Arduino IDE 安装完成后，运行 Arduino 1.5.X 目录下的 arduino.exe，就可以启动

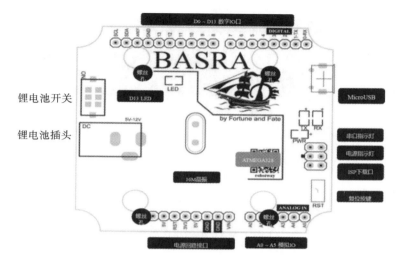

图 4.8.3　Basra 主控板

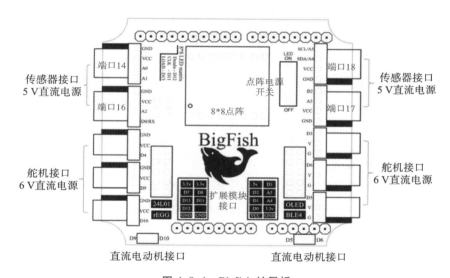

图 4.8.4　Bigfish 扩展板

Arduino 编程环境,如图 4.8.5 所示。setup()为初始化函数,loop()为主函数。

　　Arduino 程序由两部分组成:setup()和 loop()。setup()为初始化函数,用于初始化变量、设置针脚的输出/输入类型、配置串口、引入类库文件等。每次 Arduino 上电或重启后,setup()函数仅执行一次。loop()为主程序(主函数),完成设计功能。loop 程序是循环执行的。

　　Arduino IDE 支持图形化编程,可以让毫无程序语言基础的使用者快速编写程序。在 Arduino IDE 中点击"工具"中的"ArduBlock"便可以启动 ArduBlock 图形化编程环境。其界面如图 4.8.6 所示。

　　除子程序执行模块外,所有积木模块都必须放在主程序内部。当编写积木程序时,要注意把具有相同缺口的积木模块搭在一起。

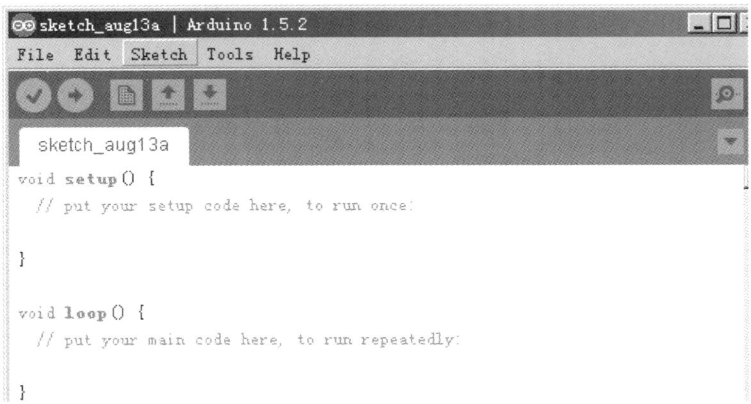

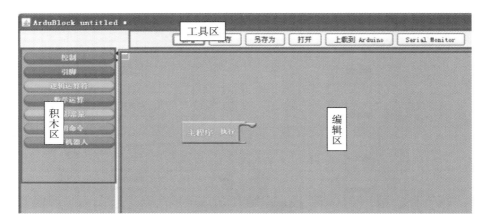

图 4.8.5　编辑程序界面

图 4.8.6　ArduBlock 界面

4.8.3　训练要点及操作步骤

1. 硬件测试

（1）传感器的测试　在使用前需要对所使用的传感器进行测试。方法是用图形化编程的方法编写测试程序,同时监控其参数值的变化。如图 4.8.7 所示,对接在 16 号端口的灰度传感器进行数字量和模拟量的测试和监控,数字输出显示为"1",模拟数值为"925",这个状态表示没有感应到黑线;当黑线接近传感器时,数字输出显示会变为"0",模拟数值也会急剧变化。对于不同的传感器,针对传感信号的特点,可以采用相应的测试监控方法。这里需要注意传感器的信号状态是模拟的还是数字的,对应的端口号必须匹配。

（2）执行器件的测试　这里以直流电动机的正反转测试为例,结合测试端口高低电位的组合,实现小车的前进、后退和左转、右转功能。如图 4.8.8 所示,对接在 5、10 号端口的直流电动机进行测试,若端口 5 置高电平,端口 10 置低电平,电动机正转,则端口 10 置高电平,端口 5 置低电平时,电动机会反转。

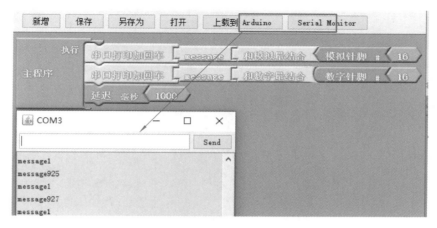

图 4.8.7 灰度传感器的测试及参数监控界面

图 4.8.8 直流电动机的正反转调试

如果想改变直流电动机的转速,则应该使用"设定针脚模拟值"语句,如图 4.8.9 所示。模拟值参数在 0~255 之间,理论上 255 对应的转速最快,模拟值为 0 时电动机静止,但由于实际中电动机是有负载的,所以模拟值不为 0 时电动机就停止转动了。

图 4.8.9 直流电动机的速度设置与调试

2. 控制程序设计

1) 红外追踪设计

将两个近红外传感器分别接到扩展板的传感器接口上,左、右侧传感器的地址分别是 14 和 18。驱动一台直流电动机需要同时使用两个端口地址,其中左侧电动机的两个端口地址分别是 9、10,右侧电动机的两个端口地址分别是 5、6。为了实现对直流电动机的模拟输出控制,需要使用模拟输出函数 analogWrite()。红外追踪的参考程序如图 4.8.10 所示。通过判断近红外传感器的信号状态,分别执行相应动作控制小车的停止、左转、右转和前进:若两个传感器都没有检测到目标(无目标),则智能小车静止;若左侧传感器检测到目标(目标在左方),则智能小车向左转;若右侧传感器检测到目标(目标在右方),则智能小车向右转;若两侧传感器同时检测到目标,则智能小车直线前进。

2) 自动循迹设计

将两个灰度传感器分别接到扩展板的传感器接口上,左、右侧传感器的地址分别是 16

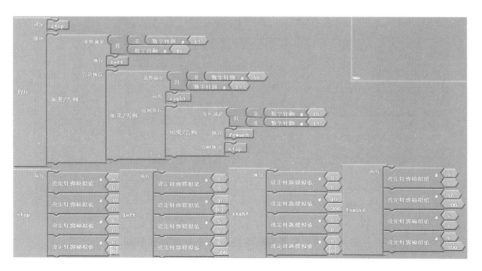

图 4.8.10　红外追踪的参考程序

和 17。自动循迹的参考程序如图 4.8.11 所示。智能小车须沿黑色轨迹前进,两个传感器都没有检测到黑线时,智能小车直线前进;若一侧传感器检测到黑线,则智能小车向该侧转弯。

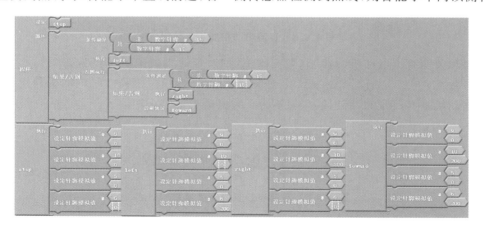

图 4.8.11　自动寻迹功能的参考程序

3) 蓝牙串口通信

将蓝牙模块连接到 Bigfish 扩展板上,在智能小车端编写程序代码,在手机端发送对应指令(前进 f、后退 b、左转 l、右转 r、停止 s 等字符)来控制小车相关功能,部分参考程序代码如图 4.8.12 所示。

蓝牙通信需在手机端下载"蓝牙串口助手"APP,将其安装到手机后打开 APP,点击搜索到的 HC-05 设备,初次连接需输入密码 1234 以进行配对,配对完成后选择操作模式为"键盘模式",通过设置键值完成通信控制。

4.8.4　训练考核评价标准

电子开发原型平台应用训练内容及考核评价标准见表 4.8.1。

```
void loop()
{
char  getstr=Serial.read();//获取蓝牙指令
if(getstr=='f')
{//前进
Serial.println("go forward!");
Forward( ); }
else if(getstr=='b'){//后退
Serial.println("go back!");
Backward ( );  }
else if(getstr=='l'){//左转
Serial.println("go left!");
Leftward ( );  }
else if(getstr=='r'){//右转
Serial.println("go right!");
Rightward ( );  }
else if(getstr=='s'){//停车
Serial.println("Stop!");
Stop( );  }
}
```

图 4.8.12　蓝牙通信控制程序

表 4.8.1　电子开发原型平台应用训练内容及考核评价标准

序号	项目与技术要求	考核标准	满分值/分
1	安全实践	未按照要求正确给小车电池充电,扣 5 分 违反安全操作要求,扣 5 分	10
2	文明实践,且遵循"5S"要求	零部件未归还、教室工位未打扫干净或不整洁,板凳未归位,每处扣 2 分	10
3	基本操作	未完成红外避障任务,扣 10 分 未完成自动循迹任务,扣 10 分 未完成蓝牙控制任务,扣 10 分 未按赛道任务流程操作,扣 10 分	40
4	任务完成质量	任务完成超时,扣 10 分 程序设置有缺陷、考虑情况不全面、操作不顺畅,每处扣 5 分	40

思考题

1. 如何通过编程实现智能小车一快一慢转弯动作?

2. 如何通过编程实现智能小车原地旋转动作?

3. 更换一部分车身零件,或改变现有零件的组装方式,使机器人在同样原理下达到不同的外观效果。

4. 底盘机械臂机构的应用有哪些?

参 考 文 献

[1] 朱华炳,田杰.制造技术工程训练[M].北京:机械工业出版社,2014.

[2] 黄培,许之颖,张荷芳.智能制造实践[M].北京:清华大学出版社,2021.

[3] 胡庆夕,张海光,何岚岚.现代工程训练基础实践教程[M].北京:机械工业出版社,2021.

[4] 王志海,舒敬萍,马晋.机械制造过程实训及创新教育[M].北京:清华大学出版社,2014.

[5] 高红霞.工程材料成形基础[M].北京:机械工业出版社,2021.

[6] 彭江英,周世权.工程训练——机械制造技术分册[M].武汉:华中科技大学出版社,2019.

[7] 夏绪辉,王蕾.工程基础与训练[M].武汉:华中科技大学出版社,2016.

[8] 王营,臧易非.工业自动化控制技术的发展与应用[J].中国新技术新产品,2018(10):22-23.

[9] 卢川,巩潇,周峰.工业控制系统历史沿革及发展方向[J].中国工业评论,2015(10):38-47.

[10] 傅水根,李双寿.机械制造实习[M].北京:清华大出版社,2009.

[11] 沈其文.材料成形工艺基础[M].武汉:华中科技大学出版社,2021.

[12] 江昌勇.压铸成形工艺与模具设计[M].北京:北京大学出版社,2018.

[13] 安玉良,黄勇,杨玉芳.现代压铸技术使用手册[M].北京:化学工业出版社,2020.

[14] 罗守靖,陈炳光,齐丕骧.液态模锻与挤压铸造技术[M].北京:化学工业出版社,2006.

[15] 伍太宾,彭树杰.锻造成形工艺与模具[M].北京:北京大学出版社,2017.

[16] 张涛.旋压成形技术[M].北京:化学工业出版社,2019.

[17] 李培根,高亮.智能制造概论[M].北京:清华大学出版社,2021.

[18] 吕广庶,张元明.工程材料及成形技术基础[M].北京:高等教育出版社,2021.

[19] 徐应林,王加龙.高分子材料基本加工工艺[M].北京:化学工业出版社,2018.

[20] 田光辉,林红旗.模具设计与制造[M].北京:北京大学出版社,2015.

[21] 吴树森,柳玉起.材料成形原理[M].北京:机械工业出版社,2008.

[22] 邹俭鹏.粉末冶金材料学[M].北京:科学出版社,2017.

[23] 黄培云.粉末冶金原理[M].北京:冶金工业出版社,1997.

[24] 史玉升,郑友德,周钢.我国增材制造产业化实现路径[J].中国工业评论,2015,5:54-60.

[25] 吴怀宇.3D打印:三维智能数字化创造[M].北京:电子工业出版社,2015.

[26] 辛志杰.逆向设计与3D打印实用技术[M].北京:化学工业出版社,2016.

[27] 陈刚,刘新灵.钳工实用技术[M].北京:化学工业出版社,2020.

[28] 钟翔山.钳工手册[M].北京:化学工业出版社,2021.

[29] 张国瑞,王慧.钳工知识与技能训练[M].北京:北京理工大学出版社,2018.

[30]　王鹏程. 工程训练教程[M]. 北京:北京理工大学出版社,2020.

[31]　钟晓峰,傅彩明,李恩,等. 工程训练——金工训练[M]. 成都:电子科技大学出版社,2017.

[32]　高琪. 金工实习核心能力训练项目集[M]. 北京:机械工业出版社,2019.

[33]　童幸生,江明. 项目导入式的工程训练[M]. 北京:机械工业出版社,2019.

[34]　邬建忠. 机械测量技术[M]. 北京:电子工业出版社,2013.

[35]　梅荣娣. 机械测量技术[M]. 西安:西安电子科技大学出版社,2019.

[36]　王玉婷. 公差配合与技术测量[M]. 北京:电子工业出版社,2018.

[37]　刘淼. 机械加工常用测量技术手册[M]. 北京:金盾出版社,2013.

[38]　钟日铭. UG NX12.0 完全自学手册[M]. 北京:清华大学出版社,2019.

[39]　彭义兵,袁惠敏,徐济友,等. 开目 3DCAPP 三维装配工艺设计基础教程[M]. 北京:机械工业出版社,2014.

[40]　刘金锋,周宏根. 基于 MBD 的三维机加工艺设计关键技术研究及应用[M]. 北京:北京理工大学出版社,2018.

[41]　陈吉红,杨琛,刘尊洪. 数控加工编程与操作教程[M]. 武汉:华中科技大学出版社,2016.

[42]　艾兴. 高速切削加工技术[M]. 北京:国防工业出版社,2004.

[43]　李建国,吴娜. 加工中心实训教程[M]. 成都:电子科技大学出版社,2017.

[44]　张键. VERRCUT 8.2 数控仿真应用教程[M]. 北京:机械工业出版社,2020.

[45]　孙德茂. 数控磨床培训教程[M]. 北京:机械工业出版社,2010.

[46]　周济,李培根. 智能制造导论[M]. 北京:高等教育出版社,2021.

[47]　张光耀,王保军. 工业机器人基础[M]. 2 版. 武汉:华中科技大学出版社,2019.

[48]　叶伯生. 工业机器人操作与编程[M]. 2 版. 武汉:华中科技大学出版社,2019.

[49]　邱庆. 工业机器人拆装与调试[M]. 武汉:华中科技大学出版社,2016.

[50]　人力资源社会保障部教材办公室. 装配钳工(初级)[M]. 北京:中国劳动社会保障出版社,2019.

[51]　工业和信息化部,财政部. 两部门关于印发智能制造发展规划(2016—2020 年)的通知[EB/OL]. (2016-12-08)[2022-04-29]. https://www.miit.gov.cn/zwgk/zcwj/wjfb/zbgy/art/2020/art_ef82844f3d864b44906f72bdd2eb14d8.html.

[52]　饶运清. 制造执行系统技术及应用[M]. 北京:清华大学出版社,2022.

[53]　彭振云,高毅,唐昭琳. MES 基础与应用[M]. 北京:机械工业出版社,2019.

[54]　夏巨谌,张启勋. 材料成形工艺[M]. 北京:机械工业出版社,2010.

[55]　鄂大辛. 特种加工基础实训教程[M]. 北京:北京理工大学出版社,2017.

[56]　朱派龙. 特种加工技术[M]. 北京:北京大学出版社,2017.

[57]　单岩. 数控电火花加工[M]. 北京:机械工业出版社,2009.

[58]　周世权,陈赜. 工程训练——电工电子技术分册[M]. 武汉:华中科技大学出版社,2020.

[59]　罗小华,朱旗. 电子技术工艺实习[M]. 武汉:华中科技大学出版社,2003.

[60]　陈建明,王成凤. 电气控制与 PLC 应用[M]. 北京:电子工业出版社,2020.

[61]　图说帮. 电工电路识图、布线、接线与维修从零基础到实战[M]. 北京:中国水利水电出版社,2021.

〔62〕　陈世和.电工电子实习教程[M].北京:北京航空航天大学出版社,2007.

〔63〕　段礼才.西门子 S7-1200 PLC 编程及应用指南[M].北京:机械工业出版社,2021.

〔64〕　王文斌,王振华.工业机器人智能工作站实训教程[M].北京:机械工业出版社,2022.

〔65〕　高鹏毅,陈坚.电工电子实习指导书[M].上海:上海交通大学出版社,2016.